口絵 1 全台風の経路図

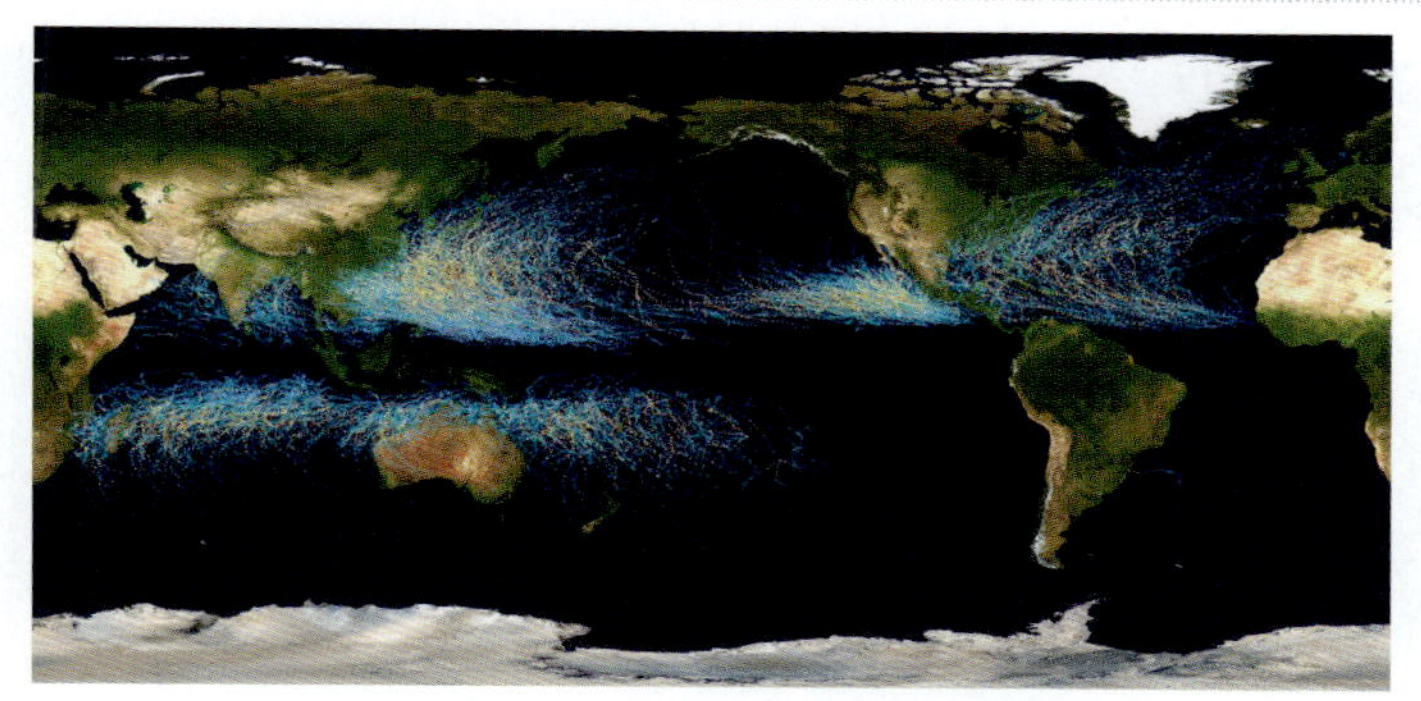

1985 年から 2005 年までの全台風の経路図

口絵 2 熱帯収束帯の雨

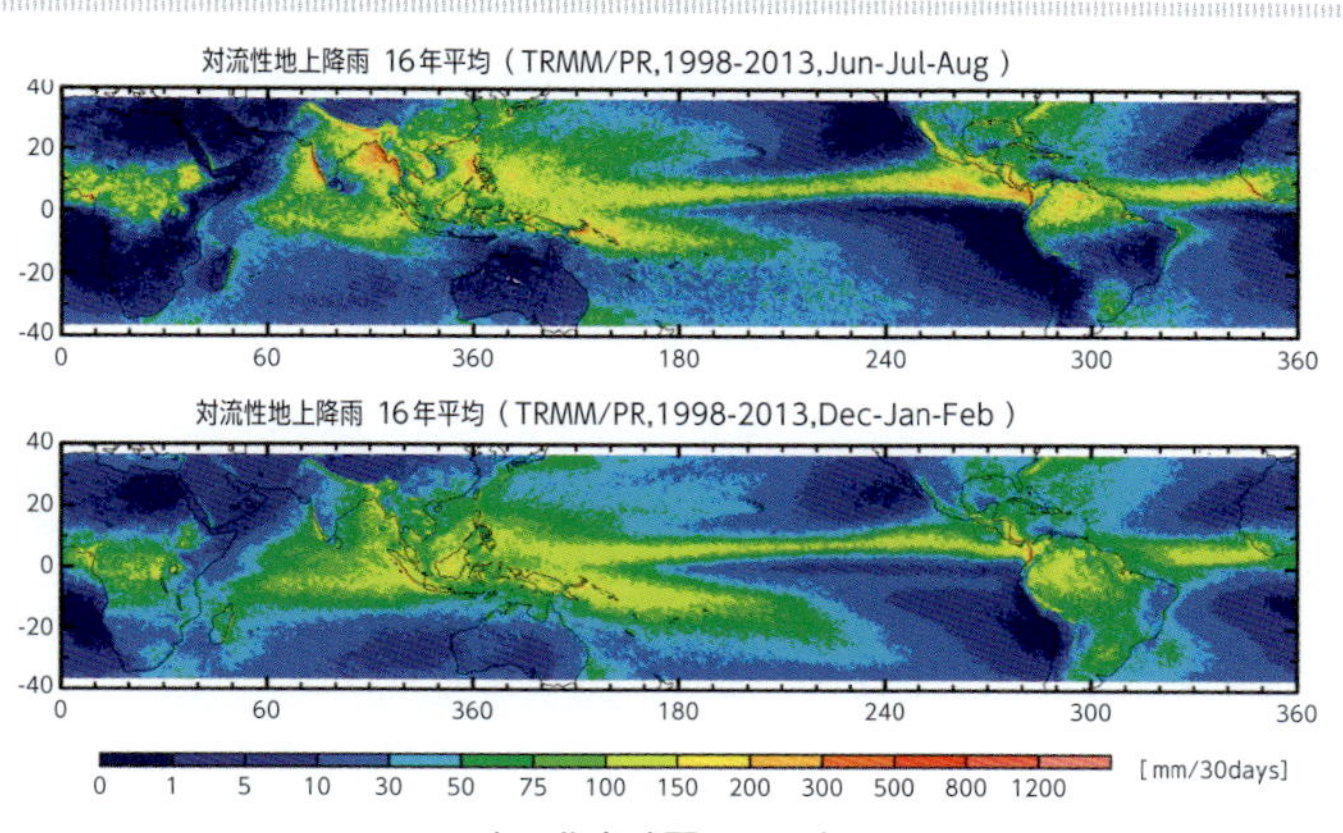

上は北半球夏、下は冬 ©JAXA

口絵 3 モンスーントラフ

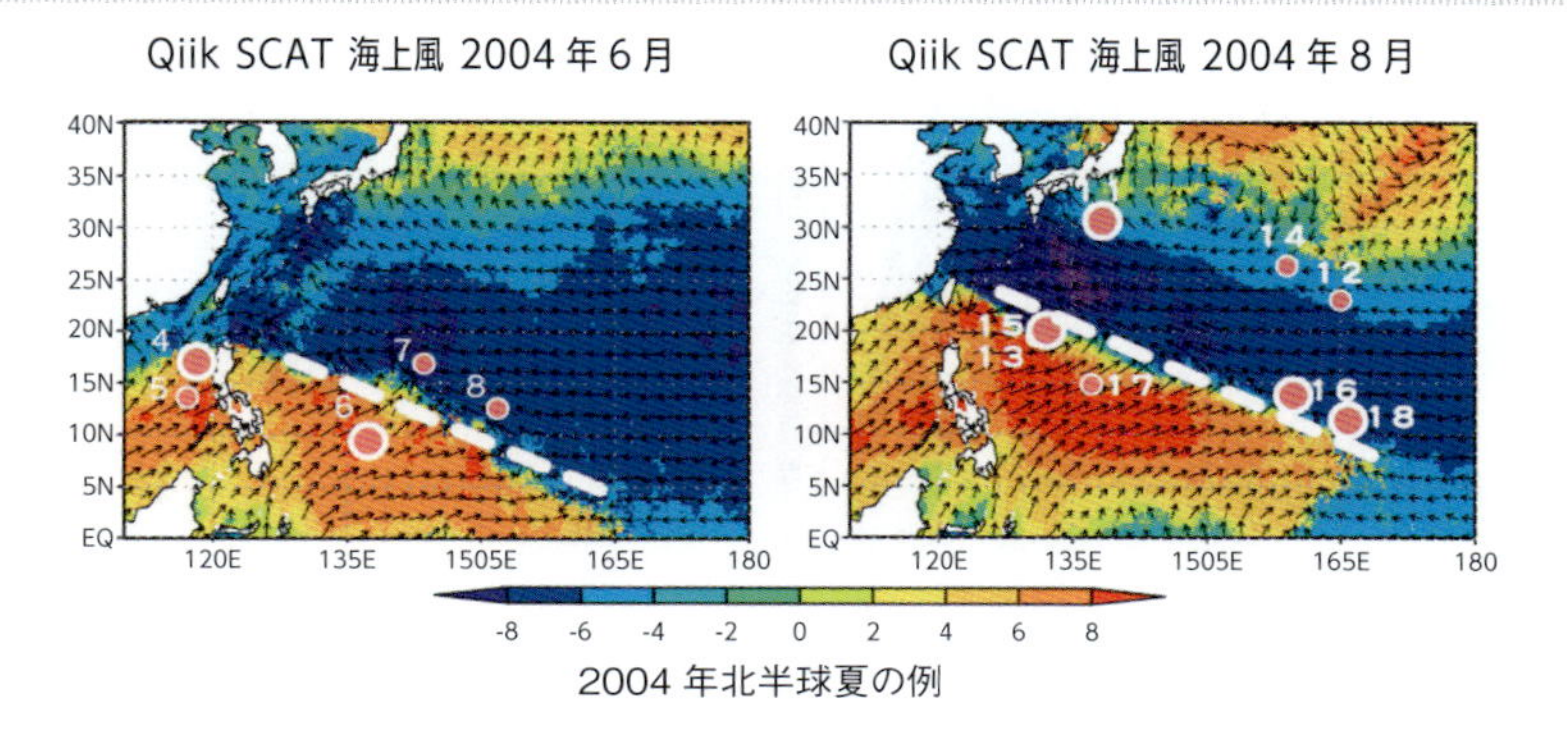

2004 年北半球夏の例

口絵4 GPMの降水レーダー

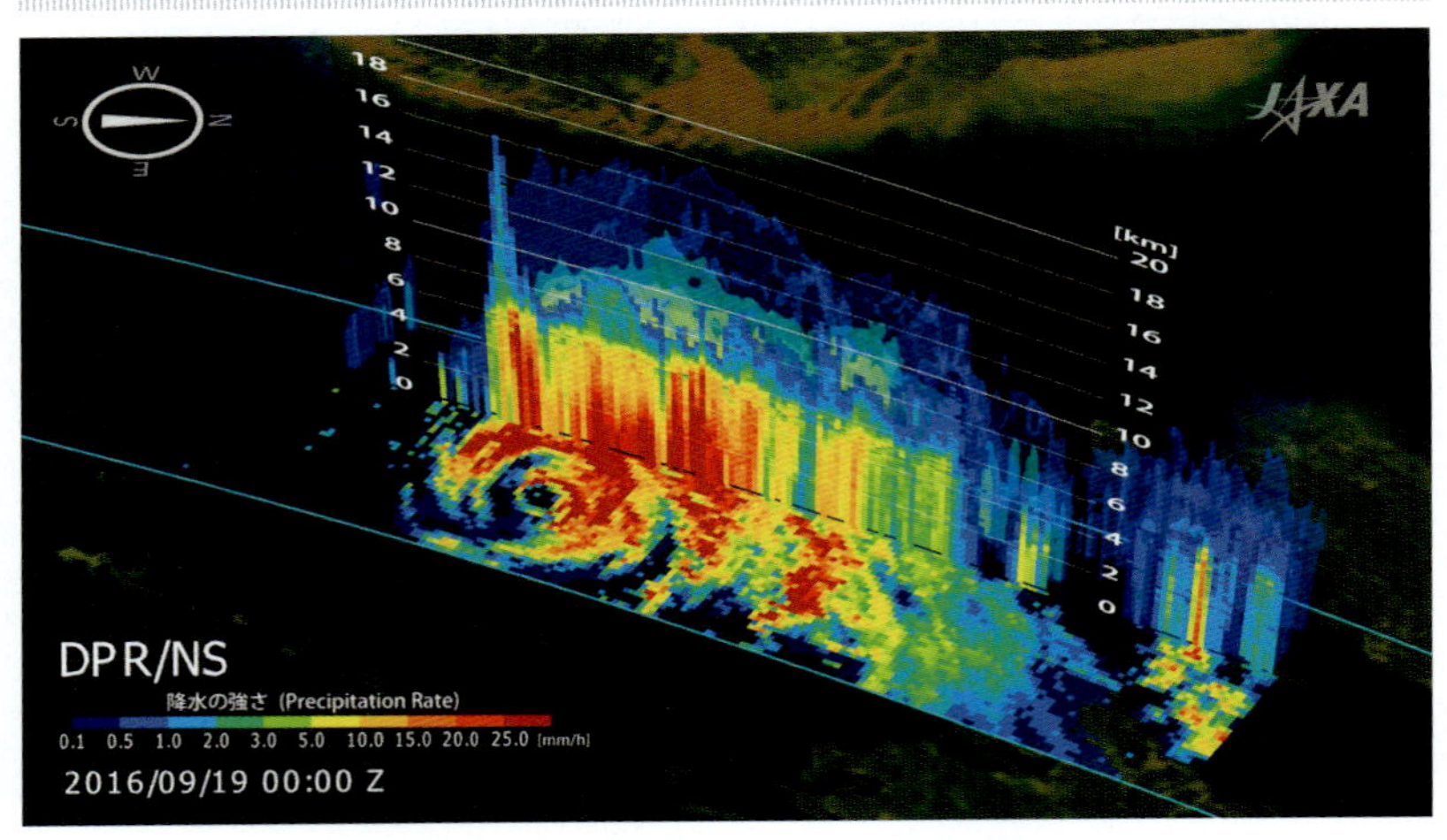

GPMの降水レーダーで観測された台風の降水の三次元分布　©JAXA

口絵5 衛星画像

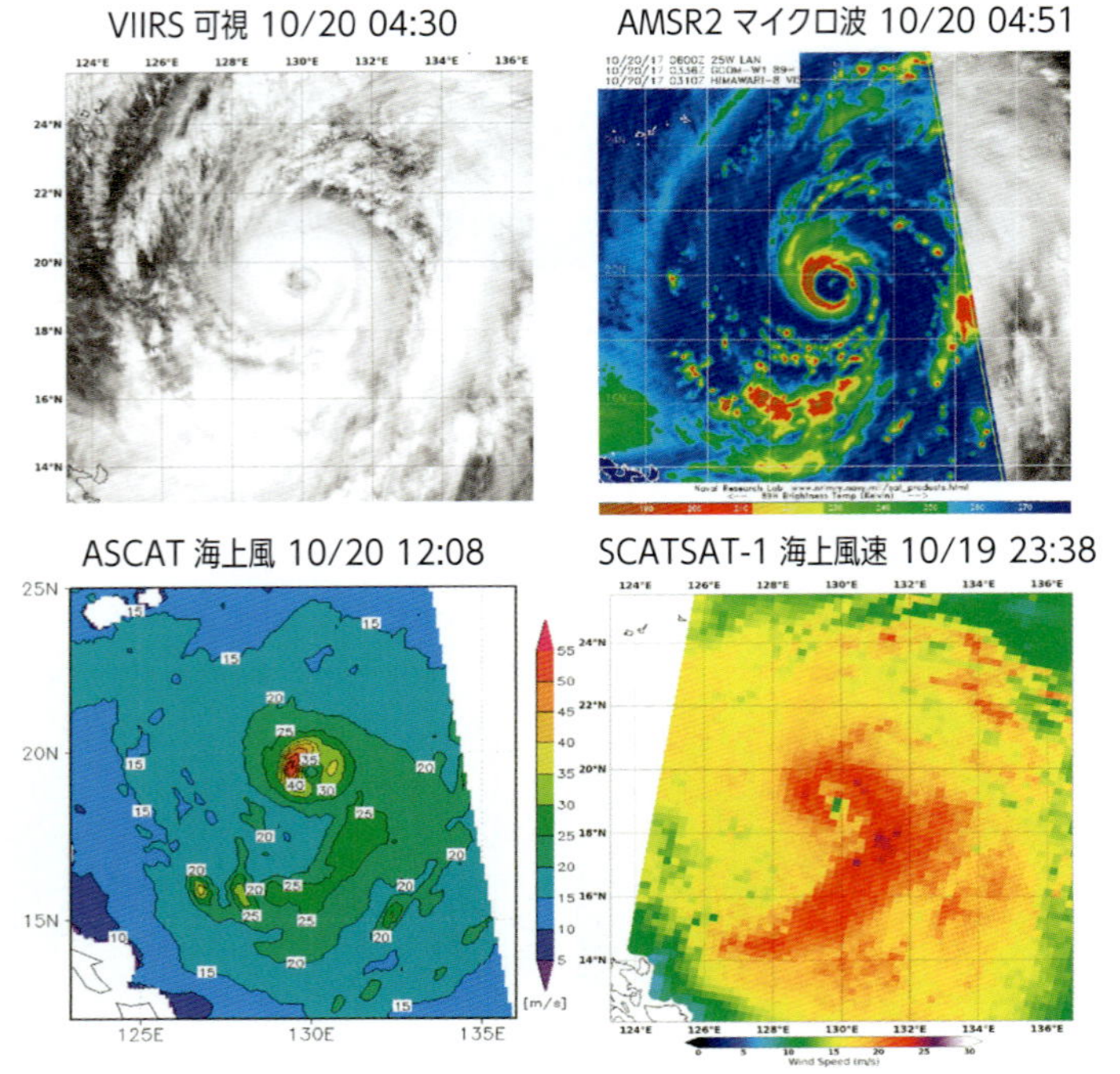

2017年台風第21号（Lan）の10月20日の各種衛星画像

画像の時刻は世界時（日本時間 -9 時間）

（VIIRS,AMSR2,SCATSAT:©NRL,　ASCAT: 柴田彰提供）

口絵 6 台風の感度解析結果

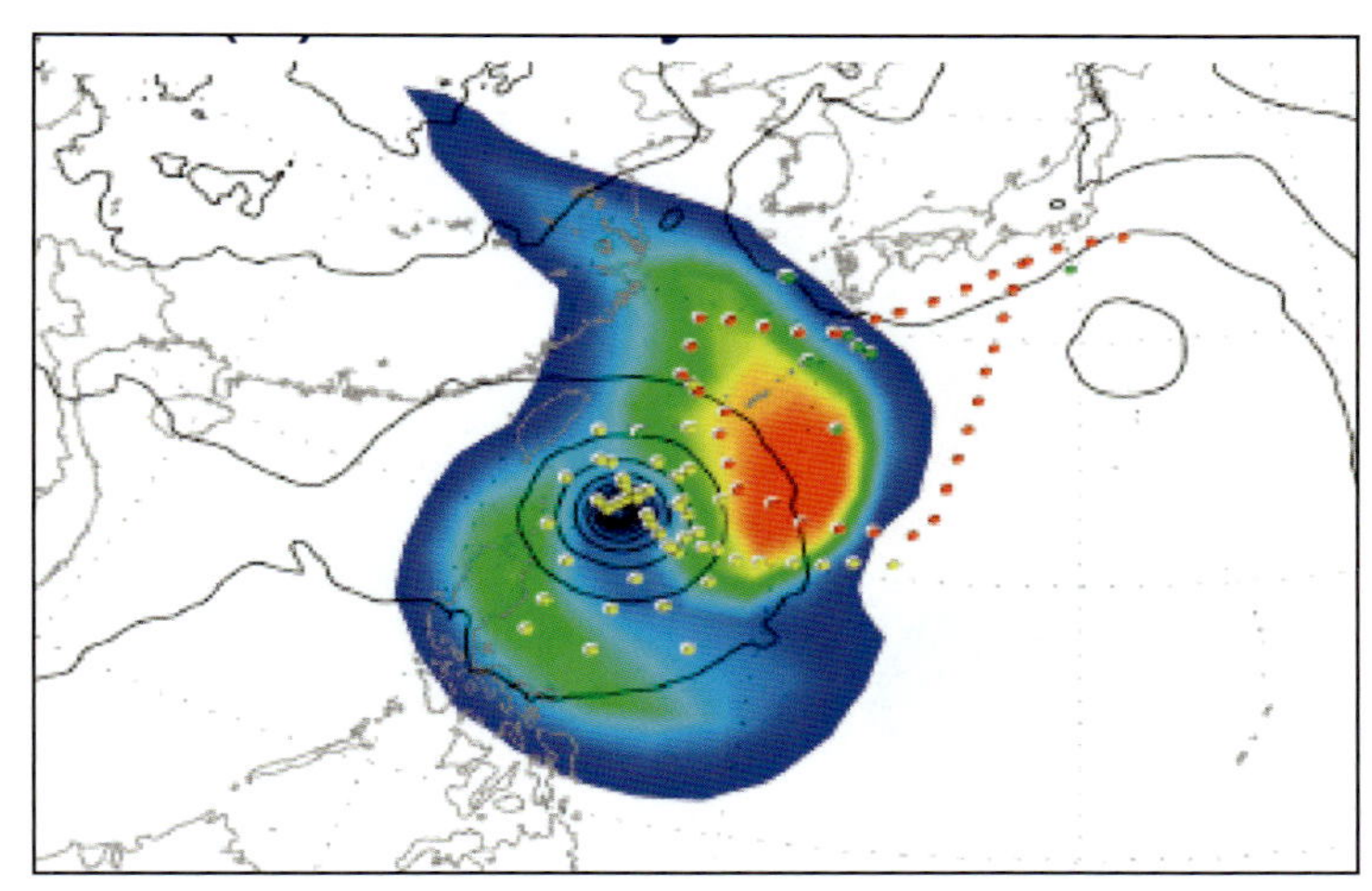

2008 年 9 月 9 日初期値から 24 時間後の予報場における感度解析結果。
暖色系の場所が高感度域（観測のツボ）。

口絵 7 台風発生と MJO

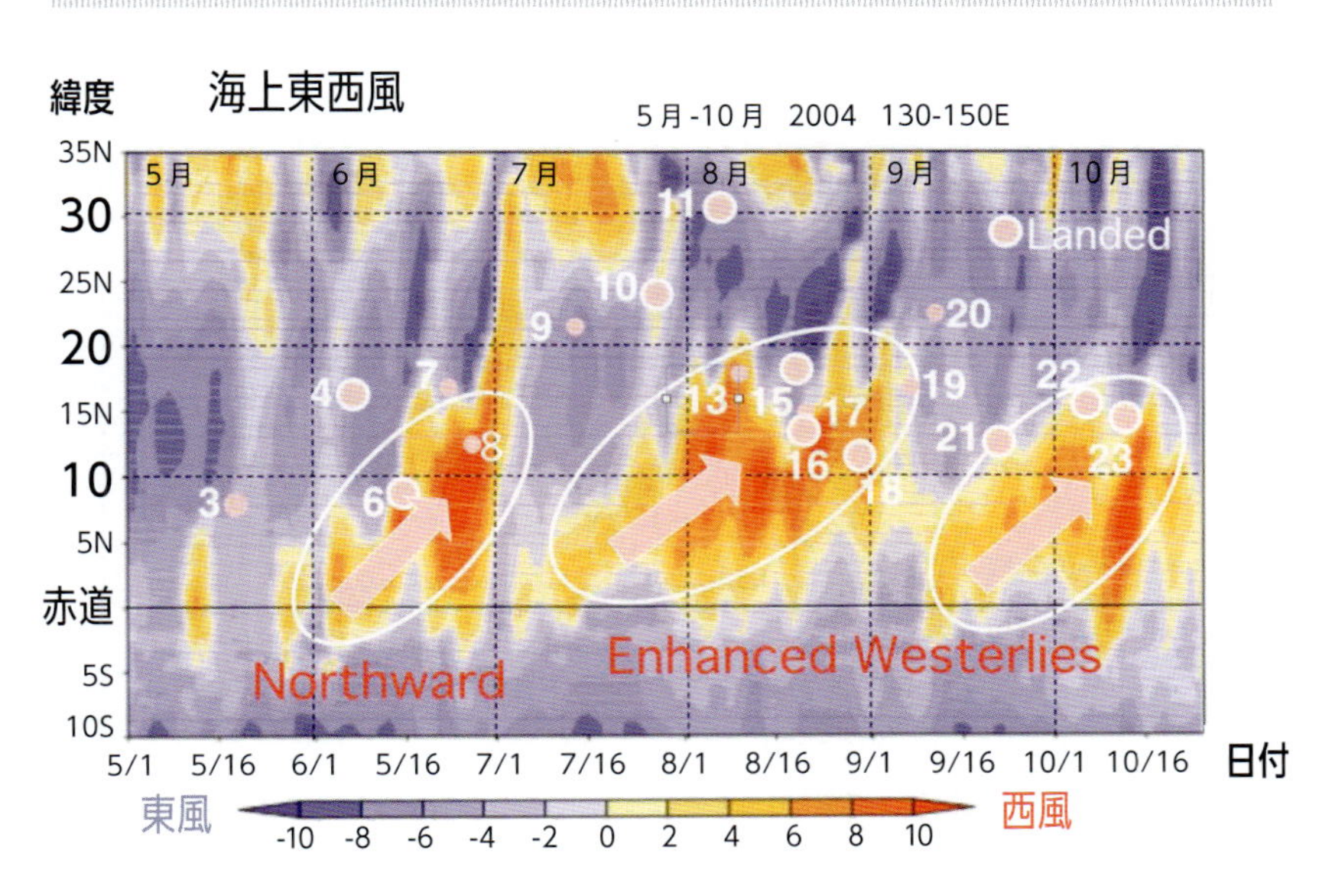

2004 年の台風発生と MJO

口絵 8 ECMWF の台風発生予報

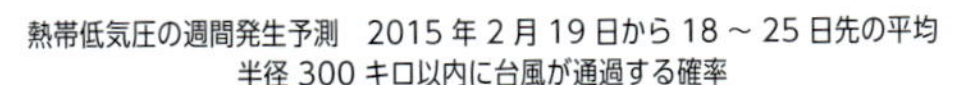

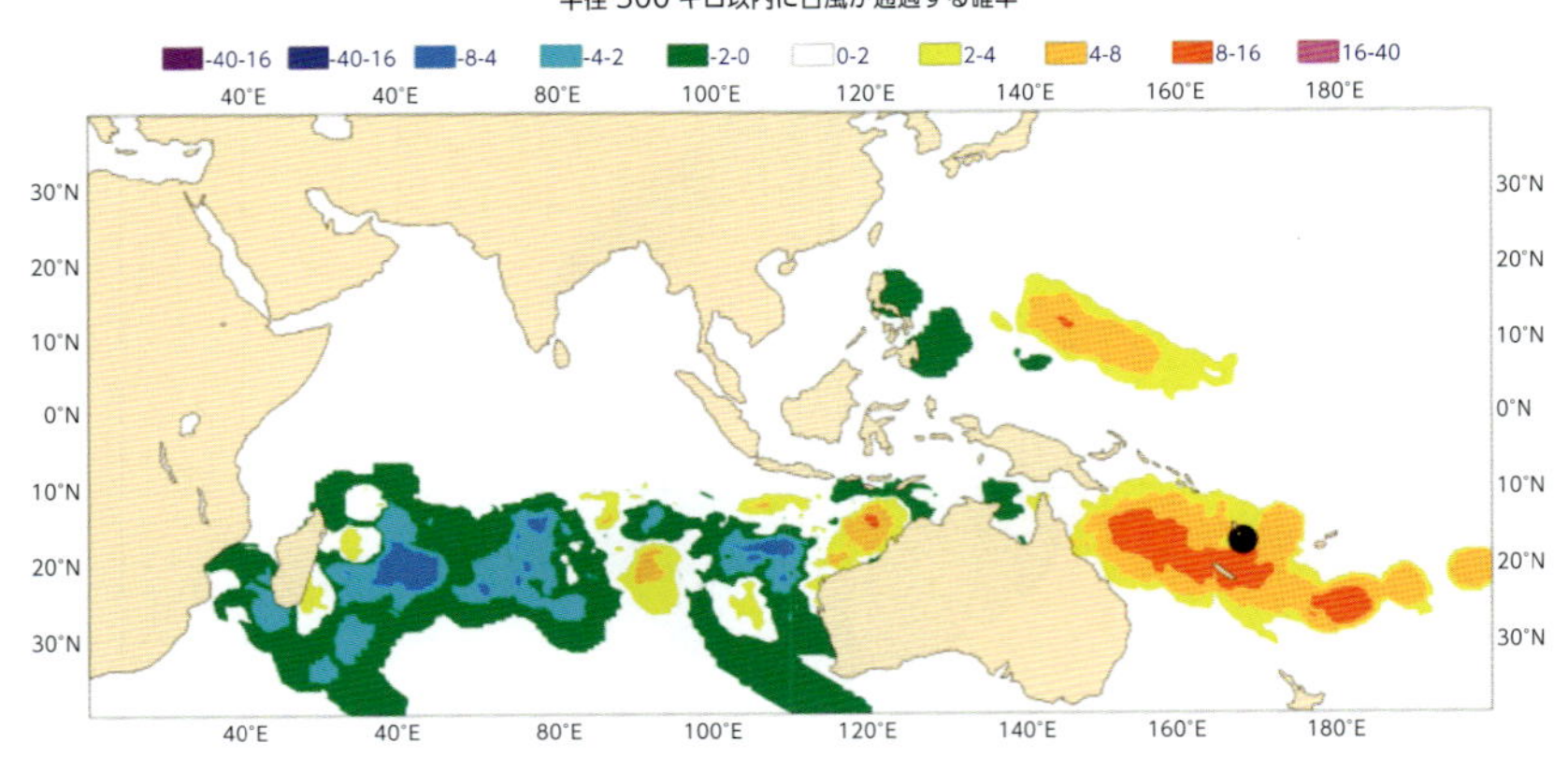

ECMWF の台風発生予報の例　（F.Vitart 博士提供）

口絵 9 S2S アンサンブルデータ

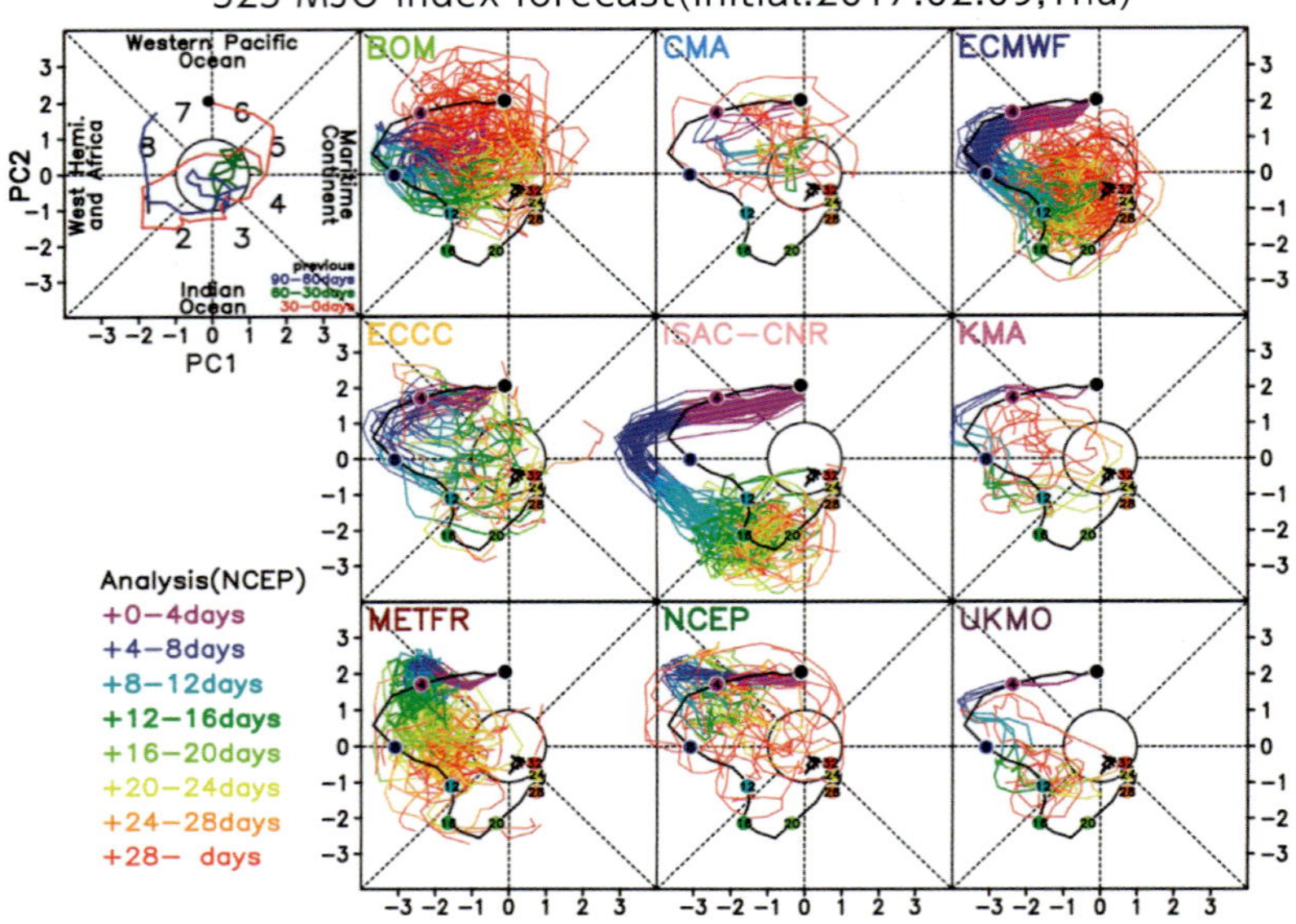

S2S アンサンブルデータによる MJO 予測：黒い実線が観測された MJO の強度（中心からの距離）と位置（方位角）を表し、色の線がアンサンブル予報の各メンバーの予報を示す。

気象ブックス045

中澤　哲夫
NAKAZAWA Tetsuo

台風予測の最前線

成山堂書店

はじめに

地球上にはさまざまな大気現象があります。そのうち私たちの生活、生命に大きな影響を及ぼすものの一つに台風があります。台風は毎年のように夏から秋にかけて日本に接近、上陸する、熱帯生まれの低気圧です。台風は、恵みの雨をもたらしてくれる大事な水がめである反面、豪雨による洪水や土石流、高潮による浸水、強風による建造物の倒壊など、物的人的被害をもたらす厄介ものでもあります。

最近では、静止気象衛星や地球観測衛星により、台風の姿をより正確に把握できるようになってきました。地上観測や高層観測のデータに加えて、それらの膨大な衛星データも使って天気予報ができるようになったので、世界各国の気象機関による台風の予報精度も格段とよくなってきています。インターネットの普及とともに、世界中の台風の画像や、いろいろな予報センターが発表する豊富な台風情報も自由に閲覧できる時代になってきました。

それでは、台風とは何ですか、と聞かれたら、皆さんは、どのように答えますか?　たとえば、「熱帯の海洋上で発生する」「発生・発達には水蒸気が関係している」「中緯度に進むにつれて衰弱ないしは温帯低気圧に変わる」「発達すると眼を持つものがある」「(北半球では)反時計回りの渦巻き構造をしている」「世界中でいろいろな呼び名があるが共通の特徴を持っている」などなど。たぶんこの程度は答えられる人が多いのではないでしょうか?　これらの答えは、その多くが、台風が持つ性質や特徴についてのものであって、台風がなぜ存在するのかを述べているわけではありません。また、この台風の存在理由を理解していれば、最近の地球温暖化問題で、地球が暖かくなる21世紀末に台風がどのように

なるのか、という問いにも、比較的すんなりと答えることができるのではないかと思います。台風に関する本はこれまでにもたくさん書かれています。それなのになぜまた台風の本をだすのでしょうか？それは、これまでの台風の本は主として台風の専門家が読むか、あるいは台風について総花的な本だったり、必ずしも台風の本質が何かをはっきりと私たちに教えてくれるものではなかったからです。そこで、台風はなぜ存在しているのか、なぜ発生するのか、という一番おおもとの疑問に光を当ててお話ししたいと考えて、この本を書きました。そもそも台風とは何か、そして、台風をどうやってとらえるのか、予報の現状はどうなのか、温暖化で台風はどうなるのか、などについてもできるだけ数式は使わずに、気軽に読んでいただけることを心がけて書きました。少し数式が出る部分もありますが、そのような場合にはできるだけコラムに載せるようにしました。また、わかりやすいように、カラーページも口絵に加えました。

この本を読み終えたあとに、台風博士とまではいかなくても、「台風について、基本的なことはしっかり理解できた。誰から聞かれても一通りは答えられる」といったミニ台風博士のレベルまで到達していただけるのではないかと思っています。それでは、しばらくの間、台風についてのよもやま話に、おつきあいのほど、よろしくお願いします。

２０１９年９月

中澤　哲夫

目次

第2章　台風の発生・発達のメカニズム

第3章　台風をとらえる

第4章　台風を予報する

第7章 台風災害を減らすには

謝辞

カバーに掲載したトゥルーカラー再現画像は、気象庁気象衛星センターと米国海洋大気庁衛星部門ＧＯＥＳ-Ｒアルゴリズムワーキンググループ画像チーム（ＮＯＡＡ／ＮＥＳＤＩＳ／ＳＴＡＲ ＧＯＥＳ-Ｒ Algorithm Working Group imagery team）との協力により開発された手法（衛星によって観測された画像を人間の目で見たように再現する手法）により作成されました。また、レイリー散乱補正のためのソフトウェアは、ＮＯＡＡ／ＮＥＳＤＩＳとコロラド州立大学との共同研究施設（Cooperative Institute for Research in the Atmosphere：ＣＩＲＡ）から気象庁気象衛星センターに提供されました。関係機関に感謝いたします。

第1章

台風とは何か

第1章では、台風について概観していきます。特にその一生と、台風と温帯低気圧との違いなどを見ていきます。

1.1 台風の定義

台風は、熱帯低気圧の一つで、北西太平洋または南シナ海に存在し、低気圧内の10分間の平均最大風速が17m/s（時速60㎞、自動車と同じ速さ）以上のものを言います。水蒸気が雨粒に変わるときに放出される熱エネルギーの一部が運動エネルギーに変換されることで維持されています。台風の発生、発達に水蒸気が重要な役割を果たしていることは昔から認識されていましたが、その仕組みを理解してコンピュータで再現できるようになったのは１９６０年代のことです。それが可能となったのは、積雲対流とそれより大きいスケールの渦巻きが協力しあって台風が発生、発達していることが解明されたからでした。

全世界では、年間80個程度の台風が発生しています。そのうち北西太平洋で最も多い26個の台風が発生しており、その他にも北大西洋、インド洋、南太平洋で発生しています。発生する場所は異なっても、その仕組みはみな同じです。積雲対流とそれより大きいスケールの渦巻きが協力しあうメカニズムによって、台風が発生、発達し、維持されているのです。

1.2 台風の一生

(1)「台風の一生」を概観しよう

① その概要

台風の一生は、発生期、発達期、成熟期、衰弱・消滅期の4つに大別されます。発生期では、まず海面水温が高い熱帯の海上で、上昇気流が発生します。この気流によって次々と発生した積乱雲が、何らかのきっかけで数多くまとまってきて、熱帯低気圧となります。さらにこの熱帯低気圧が発達して、最大風速が17m/sを超えたものが台風と呼ばれます。

次の発達期は、台風の中心付近の風が強まり、中心気圧も下がっていきます。「ひまわり」などの衛星画像で見ると、台風を取り巻く背の高い対流活動が活発になり、渦巻きもはっきりとしてきます。

成熟期は、台風の一生の中で、最も勢力が強い時期に当たります。成熟期の台風の多くに特徴的なのは、台風の眼が現れることです。

衰弱・消滅期は、成熟期を過ぎ、転向して、中緯度の偏西風帯に移動し始める頃、海面水温も下がり始め、強い鉛直シア（高さによって風の強さが異なること）の影響で、その勢力が弱められ、温帯低気圧に変わるか、消滅して、台風の一生を終えることになります。

平均すると、台風の一生は5日ほどの寿命を持っていますが、発生して1日も経たずに消滅してしまう台風もあれば、二週間以上も長生きする台風もあります（https://www.data.jma.go.jp/fcd/yoho/typhoon/statistics/ranking/longevity.html）。

② 「台風の一生」をビジュアルで見よう！

では実際に、２０１８年9月に発生した台風第24号（チャーミー、Trami）を例にして、台風の一生をご説明します。まずはチャーミーの経路と中心気圧を見てみましょう（図１・１）。チャーミーは9月20日15時に、日本の南海上に位置するマリアナ諸島付近で熱帯低気圧になり、そのちょうど1日後の21日15時に台風になりました。その後ゆっくり北西に進み、25日9時には、中心気圧が９１５hPaの猛烈な台風に発達しました。そして沖縄本島の西を北上して屋久島付近を通過した後、30日20時頃には和歌山県田辺市付近に上陸し、日本列島を縦断し、三陸沖に抜け、10月1日9時に温帯低気圧となりました。この間、観測史上最も強い風や潮位を観測しました。

それでは静止気象衛星「ひまわり8号」の赤外画像を見ていきましょう（図１・２）。赤外画像とは、温度の高低を濃淡で可視化して画像にしたものです。あらゆる物質からはその物質の温度に対応した赤外放射が出ています。赤外放射は、絶対温度の4乗に比例します。通常の可視画像と異なり、夜でもはっきりと温度の違いを画像として見ることができます。ひまわり8号の赤外画像では、背の高い雲は気温が低いので白く映り、海面は暖かいので黒く映るようにしています。チャーミーの発生する２日ほ

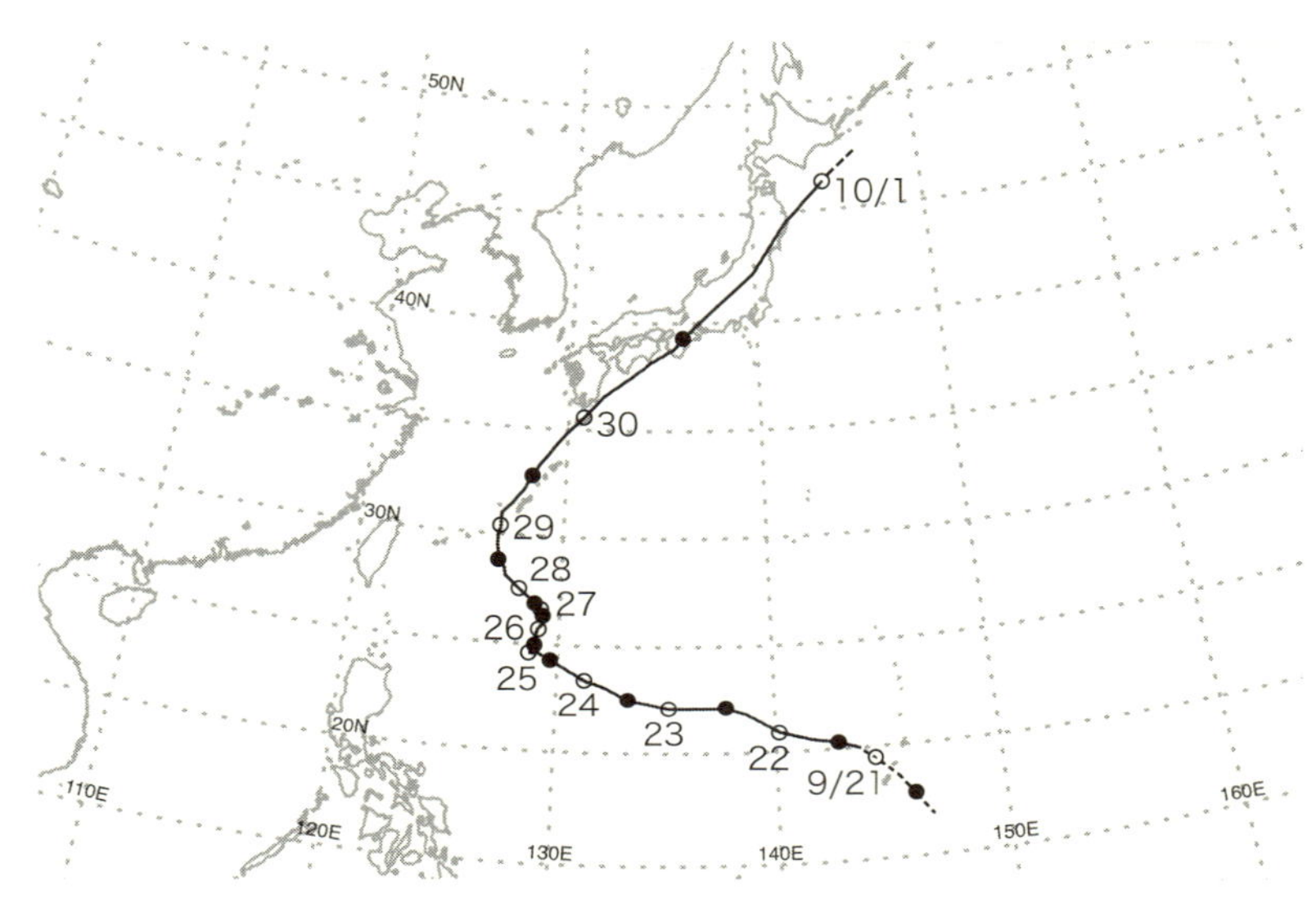

図1.1　2018年台風第24号（Trami）の経路図
○は9時の位置、●は21時の位置を示す。点線は熱帯低気圧の期間。

ど前の19日9時から衰弱する10月1日3時までの赤外画像を6時間間隔で並べてみました。ちなみに、実際の台風は移動しているのですが、この図では台風の中心付近の変化がわかるように、台風の中心が各画像の中心に位置するように切り出して表示しています。

21日15時に台風が発生する前の画像（図1・2の上のほうの画像）では、19日9時（世界時は00z）に活発な対流が立っていることはわかりますが、まだ渦を巻いていません。6時間後には上層の雲が広がり、12時間後には新しい対流が立ち上がり、盛り上がっているように見えます。この対流も20日9時までにはなくなり、20日9時には新しい対流が立ち始める様子がわかります。熱帯低気圧になったのは、この6時間後の20日15時ですが、その頃になると、渦が巻き始めている様子が見て取れます。

このように、台風が発生する前には、深い対流が立っては弱まり、また別の新しい対流が立っては消える状態が続いていることがわかります。台風が発生するまでは、様々な対流が競い合い、そのうちに一つのしっかりとした持続的に発達する対流の塊が現れて、台風に発達するわけです。

もう少し、この図1・2を見ながら、台風の発生から消滅まで、台風を取り巻く渦巻きなど、雲の様子に着目しながら、台風の一生を詳しく見ていきましょう。台風が発生する21日15時には、台風中心の南側では台風に吹き込む、曲率を持った筋雲が見えます。台風中心の東側、南東側にも背の高い雲が存在していることがわかります。この時の中心気圧は、1002hPaですから、それほど中心気圧は低くありません。台風が発生した21日15時以降、台風はゆっくり発達しています。中心付近の深い対流活動が継続的に見られ、スパイラルバンドと呼ばれる台風を取り巻く円弧状の雲も見えるようになります。24日9時頃からは、台風の眼が見え始めます。その6時間後の24日15時には、はっきりとした眼となっていることがわかります。眼があるということは、海面近くまで見えているということですから、中心付近は晴れているか、あるいは下層雲がある場合もあります。25日9時には、成熟期を迎えています。発生前の画像と比較すると、成熟期の台風は、引き締まっているというか、大きさがコンパクトになっていることがわかると思います。この時、中心気圧は915hPa。台風中心にくっきりとした眼があります。成熟期を過ぎた台風は、眼が次第に大きくなり、眼を取り巻く中心付近の深い対流活動も弱まっていきます。そして、日本に上陸する頃（30日21時、図1・2（その2）一番下、右側）には、台風の中心が赤外画像から決めにくくなり、眼も不明瞭になり、同心円状の構造もはっきりとしなくなっています。この台風が温帯低気圧になったのは、この時刻から12時間後の10月1日9時、三陸沖に抜けてからでした。

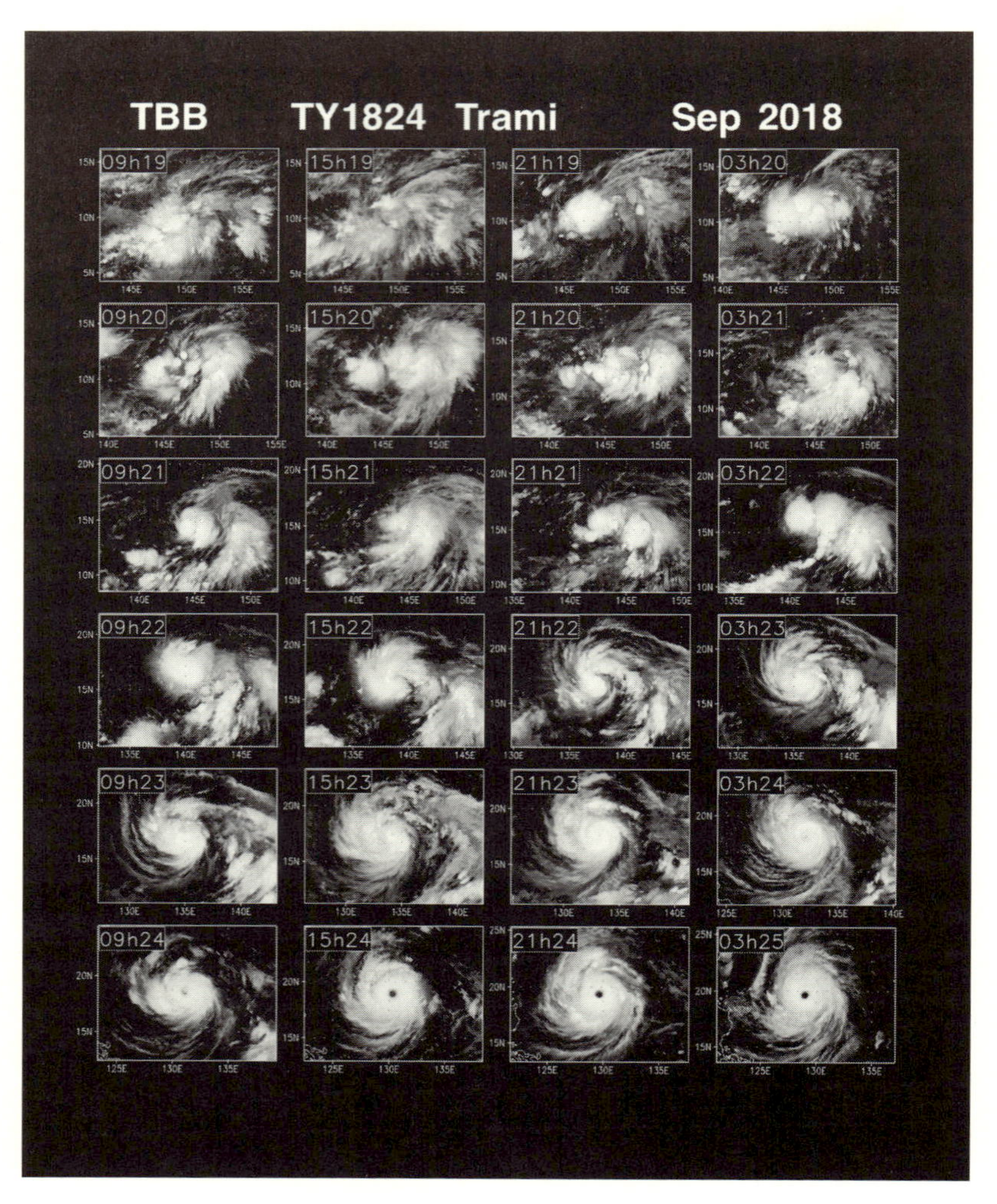

図1.2　Tramiの6時間間隔の赤外画像（その1）
9月19日9時（左上）から25日3時（右下）まで。

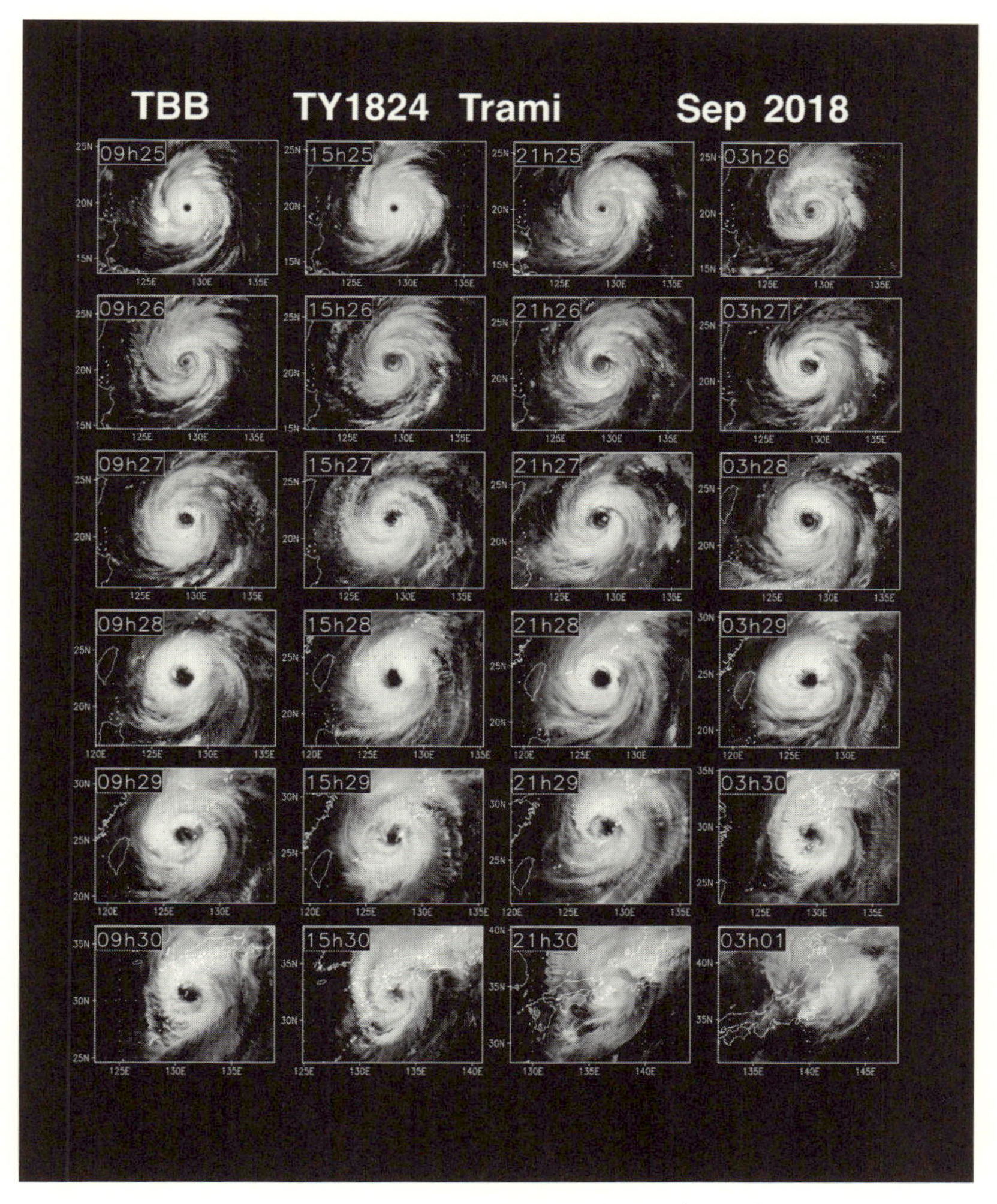

図1.2　Tramiの6時間間隔の赤外画像（その2）
9月25日9時（左上）から10月1日3時（右下）まで。

（2）台風はどこで生まれ、どう進んでいくのか

台風は、赤道からやや離れた、緯度10～20度の熱帯域周辺で多く発生しています（口絵1、コラム1台風の発生域）。赤道直下は、地球の自転によるコリオリ力（コラム２）が働かないため、渦ができにくく、台風が発生しにくい環境です。熱帯域では、太陽放射が強いために、海面水温が高く多量の水蒸気が存在するため、積乱雲がまとまって発達するようになると周囲の気圧が下降します。すると、台風の卵となる熱帯低気圧が発生します。さらにこの熱帯低気圧が発達して平均最大風速が17m/sを超えると台風の発生となります。もう少し、なぜ台風が熱帯域で発生するのか、見ていきましょう。

この台風の発生域はどのような条件で決まっているのでしょうか？　そのことについて最初に指摘したのはグレイ博士（Gray, 1968）です。彼は以下の６つの要素をあげました。

①十分な海洋熱エネルギー
②中層（７００hPa）の湿った相対湿度
③条件付き不安定（２・２節参照）
④下層の低気圧性の渦（相対渦度と言います）
⑤水平風に弱い鉛直シアがあること
⑥コリオリ力が働くこと（すなわち、赤道から少なくとも5度は離れること）

この6要素は、台風の発生する環境条件を示したものですが、そのような環境条件に当てはまる具体的な現象として、「熱帯収束帯」「偏東風波動」「ＭＪＯ」などがあります。

コラム1　台風の発生域

台風の発生域は熱帯域です。地球の回転の効果が弱いため、渦が発生しにくい赤道付近では台風は発生しません。熱帯域であっても、海水温があまり高くない南大西洋ではこれまで台風はほとんど発生していません。ただ、責任を持って発生を宣言する正式な機関が南大西洋にはないので、あくまで衛星写真からの推測ですが、希なケースとしては南大西洋でも台風が発生したことはあります＊01。また、赤道にほど近いシンガポール付近で、台風が発生したケースもありました＊02。

熱帯域でも、場所によって発生数が多いところや少ないところがあります。それは、海面水温が必ずしも熱帯で一様に暖かいわけではないことや、台風の卵になるような現象（じょう乱と呼びます）があるかどうかが決め手となります。たとえば、北西太平洋では、偏東風波動と呼ばれるじょう乱が熱帯東太平洋から西進する中で台風になりますし、風が集まって対流活動が盛んになっている熱帯収束帯（ＩＴＣＺ）と呼ばれるところで発生しています。

これと似た海域は北大西洋やインド洋にも見られますが、その強弱、つまり発生数には違いがあります。年間で台風が80個発生するうち、北西太平洋は26個程度と最も多く、次いで北東太平洋の15個なので、この2つの海域でほぼ50％を占めていることがわかります。

＊01　http://www.eorc.jaxa.jp/TRMM/data/topics/typhoon/2004/01L_j.htm
＊02　http://onlinelibrary.wiley.com/doi/10.1029/2002GL016365/epdf

コラム2　コリオリ力

コリオリ力の話については、まずフーコーの振り子の話から始めることにしましょう。フランスの物理学者、レオン・フーコーは、研究仲間だった物理学者、アルマン・フィーゾーとともに、振り子仕掛けの装置を用いて、太陽の写真撮影を行っていました。その時に、カメラの回転にかかわらず、振り子の振れの向きがいつも一定であることに気がついたそうです。このことから、地球の自転の解明に振り子が使えるのではないかと思いつきました。彼は、もし地球が回転しているのであれば、振り子は地球の自転とは反対の方向に回転するであろう、と推測しました。

振り子が回転しているように見えているのは、単に地球が自転しているからなのですが、地上にいる人からみると、あたかも振り子を（北半球では時計回りに、南半球では反時計回りに）回転させる力が働いているように見えます。この見かけ上の力のことを「コリオリ力」と呼んでいます。

フーコーは何と、長さが67m、重さ28kgもある重りをつけた振り子を使って実験をしたと言われているので、驚きですね。ちなみに、日本では、上野にある国立科学博物館などで見ることができます。

北極にこの振り子を置いて観察すると、振り子の振動面は時計回りに回っていき、1日で1回転します。1周する時間は、緯度によって異なり、赤道に近づくほど長くなります。日本付近の北緯40度では、24時間 $\div \sin(40^\circ)$、34時間ほどで1周することになります。

物の質量をm、速度をv、緯度θとすると、物が動く方向に対して、コリオリ力は北半球では右向きに働きます。地球の自転角速度 ω（$2\pi/(60*60*24)$（rad/s））を用いて、コリオリ力は、$mv \cdot 2\omega \sin\theta$ と書くことができます。ここで、$2\omega \sin\theta$ のことを、コリオリ因子と呼びます。

フーコーの振り子から話が飛びますが、私は若い頃、彗星の発見で有名だった池谷薫さんに憧れて、浜松のご自宅まで行ってお話を伺ったり、反射望遠鏡を磨いたりするなど、星の観測をするのが好きでした。その時、反射鏡の面が球面になっているかどうかを測定する方法として、フーコーテストというのがあるのですが、このフーコーが発明した方法です。フーコーは、さらに光の速度を高い精度で測定することにも成功しています。これも、このように、自然を直視し、その謎に迫る姿勢にはとても魅力を感じます。コリオリ力を提唱した当のガスパール＝ギュスターヴ・コリオリもフランスの物理学者です。

熱帯収束帯

熱帯収束帯とは、赤道付近の熱帯域に形成される収束帯のことで、雲が帯状に連なっており、東西に長く伸びています。英語では、「InterTropical Convergence Zone」（ＩＴＣＺ）と呼ばれます。収束帯付近では、風が収束して上昇気流ができるので、積乱雲が発生すると同時に、対流が発達して雨が降ります。またこの収束帯付近は、海面水温も高くなっています。

熱帯降雨観測衛星ＴＲＭＭが観測した北半球（夏、冬）の雨の分布から、熱帯収束帯の様子を見てみましょう（口絵２）。北太平洋熱帯域の北緯５度から10度あたりを東西に伸びている降水帯が熱帯収束帯です。同様の降水帯は、北太平洋だけでなく、南インド洋や南太平洋、あるいは大西洋にも確認できます。これらは同様に海面水温が高く、湿った空気が上昇するため、たくさんの雲が発達して雨を降らせます。

こうした環境は、台風の発生にとっては好条件です。ただ、熱帯収束帯からたえず台風が発生しているわけではありません。熱帯収束帯の強弱は日々変化しており、「帯」とは言うものの、必ずしも東西にまっすぐ並んでいるわけではありません。この帯のなかにある一つひとつの雲のかたまり（クラウドクラスター）が、何らかのきっかけで組織化されて勢力を強めた結果、台風が生まれると考えられます。

コラム3　モンスーントラフ

モンスーントラフとは、インドから東南アジア、フィリピンを経て、西太平洋赤道域まで達する、西北西から東南東に走る低圧部（トラフ）のことです。北半球の夏に顕著に見られ、北東太平洋の偏東風と、北西太平洋のモンスーン西風がぶつかり合ってこの低圧部で雨を降らせます。本来は、モンスーントラフは低圧部、熱帯収束帯は風の収束場なので、両者は物理量としては同一のものではないのですが、現象としては同じものです。なぜなら、熱帯での低圧部とは、下層で風が集まり、上昇流が起き、雲ができ、対流による潜熱加熱によりさらに気圧が下がるという点で、熱帯収束帯と同意語と考えていいのです。本書でも台風の発生に果たす役割としてはどちらも同じと考えていますが、こちらはコラムに載せることとしました。

モンスーントラフが強まって台風が発生した例として、２００４年の北半球夏のケースを口絵３に示します。この２００４年の夏は日本に台風が10個も上陸するという特異な年でした。台風による犠牲者も１０４名を数えました。

この図は6月と8月の月平均の海上風を示しています。赤は西風、青は東風の領域です。そのちょうど境目、白い破線で示したところがモンスーントラフの位置になります。このデータは、人工衛星に搭載されたQuikSCATというマイクロ波散乱計（3・2節をご参照ください）から得られたものです。どの月でも、モンスーントラフは北西から南東に伸びていますが、風の強さを見てみると、8月が最も強く、6月、9月が続き、7月が最も弱いことがわかります（7月と9月は示していません）。8月は、モンスーントラフの西で西風が強まり、東側で東風が強まっていますから、下層で風が収束していることになり、暖かく湿った空気が集まるので、上昇気流が発生しやすくなり、積雲対流が発生しやすい環境となっていることを示しています。赤丸は、それぞれの月に発生した台風の位置を書きました。すると、モンスーントラフが強かった8月には、モンスーントラフ周辺で5個発生しています。6月、9月、7月には、それぞれ、3、4、0個発生しています。なぜこれほど月によって台風の発生数に違いがあるのでしょうか？実はその理由が、マダン・ジュリアン振動（MJO）によってより強められたモンスーントラフの活動にありました。この点は18ページの「MJO」のところで触れることにします。

偏東風波動

偏東風波動とは、熱帯の偏東風域に見られる大気中の波の一つです。北西太平洋の熱帯収束帯の北側に存在するだけでなく、カリブ海、アフリカ西部、インド洋ベンガル湾でも存在が確認されています。カリブ海での高層観測では、典型的な周期が３－４日、水平波長が２０００㎞と記録されました(Riehl（1948))。

なぜ偏東風波動が見られるのかについては詳しいことはわかっていませんが、積雲対流が重要な役割を果たしていると考えられています。北西太平洋の偏東風波動は、その後発達して台風になるケースがありますし、アフリカ西部の偏東風波動は、その発生のメカニズムが風の南北・鉛直の違い（シア）の不安定にあるとも言われていますが、のちに北大西洋のハリケーンに発達するものがあることもわかっています。このように、偏東風波動の全てが将来台風になるわけではありませんが、そのうちのいくつかは台風に発達するケースもあるので、偏東風波動自体が台風の卵であると言うことができます。

いまでは静止気象衛星を用いて、10分間隔の高頻度な衛星画像の撮影が可能になったので、時々刻々変化する雲の発達をとらえることができるようになりました。静止気象衛星「ひまわり8号」では、全球画像なら10分間隔、日本付近であれば2・5分間隔の撮影が可能です。したがって、どこに偏東風波動があり、どの程度発達しているのかを簡単に知ることができます。

では衛星画像がなかった時代に、どのようにして偏東風波動を知ることができたかというと、風の解析から調べていました。中緯度では、高低気圧が卓越するので、地上気圧を測ることで天気を知ることができます。しかし熱帯では、気圧変動が小さいので地上気圧を測っても天気を知ることはできません。そのかわりに、弱い低圧部では風を観測することで、低気圧性の回転をはっきりととらえることができます。したがって、昔から熱帯のデータを解析するためには、風の流れを描く流線解析*03という

*03　１９８０年代、ハワイ大学の村上多喜雄教授のところで2年間モンスーンの勉強をさせていただいたことがあるのですが、そこの地球物理学教室に、熱帯の流線解析で有名だったサドラー教授がいて、学生らとともに、熱帯の風の流れを、まるで芸術家の絵のように、美しく描いていたのを覚えています。

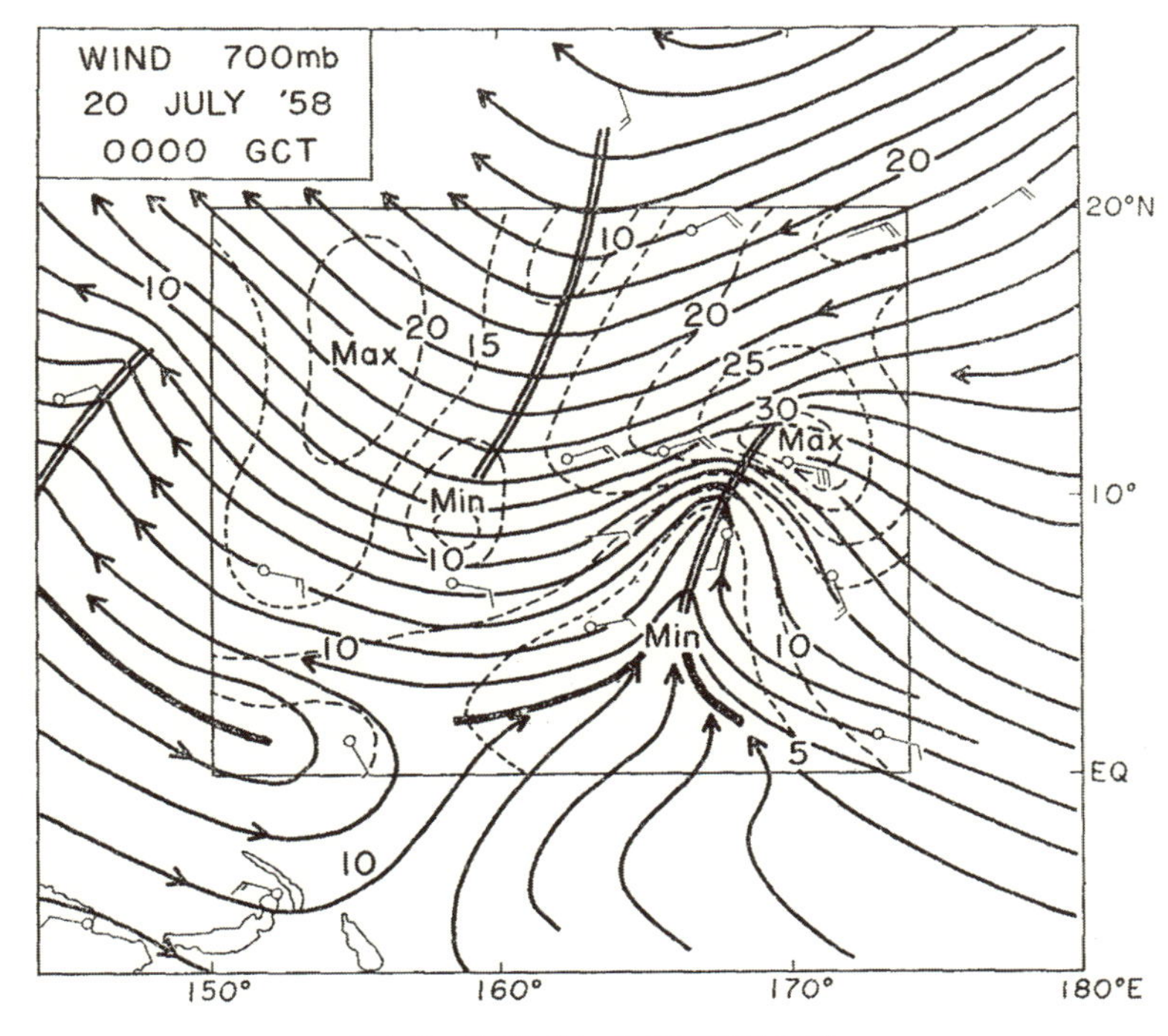

図1.3　流線解析。偏東風波動の例。

手法が行われてきました。

図1・3は、熱帯気象学で有名だったカリフォルニア大学ロサンゼルス校の柳井迪夫教授が1961年の論文で解析した、ハリケーンに発達した北大西洋の偏東風波動の事例です。700hPa（高度3kmほど）における流線が実線、等風速線（単位：ノット、およそ半分にするとm/sになる）が点線で描かれています。図の中で、山型（あるいは逆V字型）になっているところが偏東風波動です。

まだ渦を巻いてはいませんが、山の頂きあたりでは、反時計回りの流れがあり、30ノット（およそ15m/s）の風速を持つ低気圧性の循環を持っていることがわかります。図の中に、オタマジャクシの天気記号がありますが、数

少ない観測点の風のデータからこのような風の流れを描くことができたのは、驚くほかはありません。柳井先生の先駆的な仕事については、「コラム４　台風の発生過程についての柳井迪夫先生の先駆的な研究」でご紹介したいと思います。

コラム４　台風の発生過程についての柳井迪夫先生の先駆的な研究

台風の発生について話をする際、忘れてならない研究があります。それは柳井迪夫教授の１９６１年の論文です。柳井教授は、当時東京大学で博士課程の学生でした。正野重方教授から台風の研究をまとめるように言われ、その発生の研究をするために、気象庁の予報官に聞きに行ったのだそうです。そこで、米軍がマーシャル諸島で行っていた気象特別観測のことや、１９５８年に特別観測網の中で台風が発生したことを耳にします。

１９４６年から１９５８年まで、米軍は熱帯太平洋で核実験を行っており、そのために、航空機による気象観測をはじめ、６時間間隔の高層観測を実施していました＊04。そのことを知った柳井教授は、直接米軍の責任者と連絡をとって、データを入手することができたそうです。米軍が核実験を行うだけでなく、大規模な気象観測を特別に行っていたこと、そしてデータを一学生に提供するというオープンな対応をしたことには大変驚きますが、「台風で学位論文をまとめなさい」とだけ言われて、ここまでエネルギッシュに取り組んだ柳井教授の研究姿勢にも学ぶところが大きいと思います。

＊04　第五福竜丸が被曝したのは、１９５４年３月１日、マーシャル諸島のビキニ環礁で行われた水爆実験によるものです。

(a)波動期（初期）

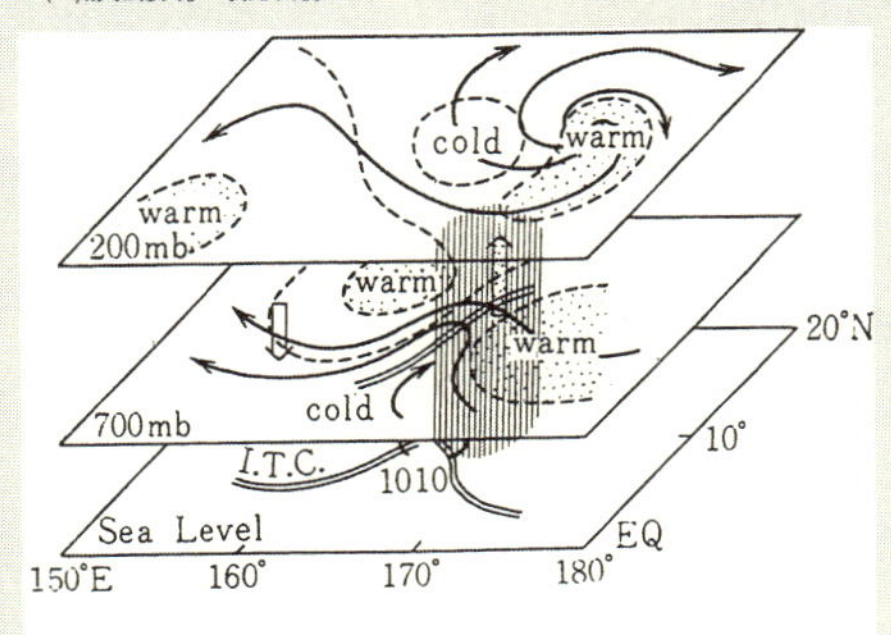

(b)温暖化期（24 時間後）

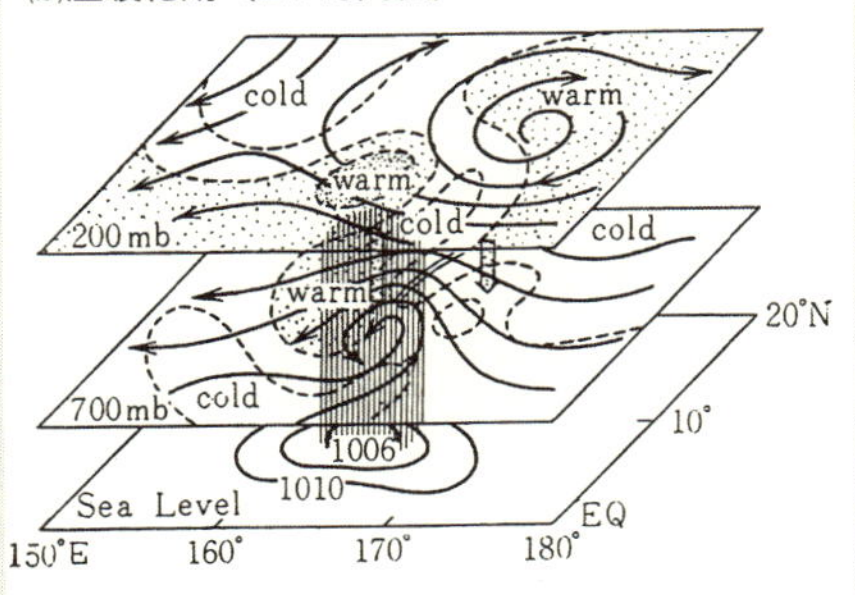

(c)発達期の始まり（48 時間後）

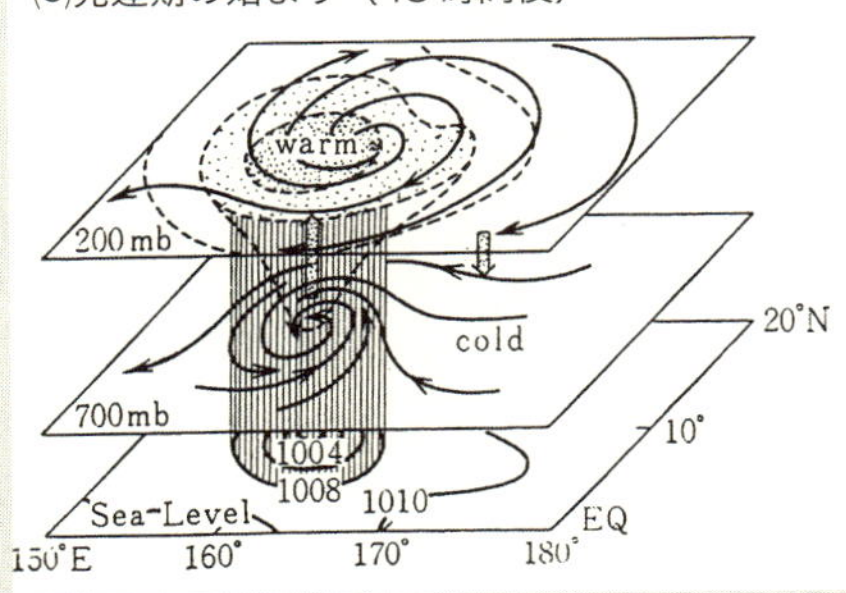

図C5.1　台風発生の３段階（模式図）

さて、本題に戻りますが、柳井教授は、膨大な観測データの解析を行い、1958年7月下旬に発生した台風第13号（Doris）の発生過程を詳細に調べ、台風の発生過程を、①偏東風波動期、②暖気核化期、そして、③発達期、の3つの時期に分けることができることを明らかにしました。当時まだそれほど流通していなかった、極軌道衛星TIROSの画像を用いたり、米軍の高層観測データから、対流活動による非断熱加熱率を見積もり、最初は寒気核だった偏東風波動が、次第に上層から暖気核に変わっていく遷移過程を見事に示すことに成功しました。それらの結果をまとめたのが、台風発生の3段階を示した模式図です（図C5・1）。

①　偏東風波動期：偏東風波動の逆V字型の軸の後面（東側）に上昇気流があり、上空は寒気核。

②　暖気核化期：上昇気流中に放出された潜熱加熱により、300-400hPaあたりに暖気核ができ始める。下層の波動は振幅が大きくなり、渦を巻き始める。

③　発達期：潜熱加熱はさらに進行し、圏界面から700hPaあたりまで広く暖気核が形成され、急速な発達が始まる。

興味深いことは、柳井教授が1961年の論文の中で、台風の発生に、積雲対流の集団的な効果が大事であるとする考え方をすでにその当時持っていたと考えられる点です。柳井教授は「今後、台風発生論の最大の問題は、台風の巨視的対流自体と、その中の積雲対流との関係を量的に記述することであろう」と書いていることからわかります。まさにこれはもう、積雲対流と台風の関係を理解されていたかと考えられる記述ではないでしょうか。

MJO

MJO（マダン・ジュリアン振動、Madden-Julian Oscillation）とは、アメリカの研究者であるマダンとジュリアンが1971～1972年に発見した現象のことです。発見者にちなんでこの名前が付けられました。

ＭＪＯは、熱帯域をおよそ30日から60日程度の幅の周期で地球を一周し、東に進んで行く大規模な対流活動です。図1・4は、赤道を東進していくＭＪＯの時間変化を模式的に描いたものです。左端に書かれているアルファベットは約5日ごとの時刻を表しています。

一番上のＦの時刻には、雄大積雲がインド洋で成長しています。そのおよそ5日後であるＧの時刻には、さらに雄大積雲が発達し、成熟期を迎えています。その後、東進して、ＨやＡの時刻には、西太平洋に進み、最盛期を迎えます。そして対流活動は弱まり、東太平洋から南アメリカに達する頃には対流が見えなくなっています。

この雄大積雲に伴い、対流圏の下層と上層での東西風の変化も描かれています。雄大積雲の中心付近では上昇流となっています。また下層では、雄大積雲に風が吹き込むため、その西側で西風、東側で東風が吹いており、逆に上層では、雄大積雲から風が吹き出すので、西側で東風、東側では西風が吹いています。

現象としてはよく理解されているＭＪＯですが、実はそのメカニズムについてはよくわかっていないのが実情です。世界の気象センターで天気予報を行うと、ＭＪＯについては1ヵ月先まで予報が可能なのにも関わらず、その仕組みが解明されていないというのは不思議なことです。

今時点で判明していることは、ＭＪＯに伴う大規模な対流活動が活発な領域では、台風の発生が盛んになるという点です。熱帯収束帯やモンスーントラフの周辺でも台風は発生するのですが、対流の活発

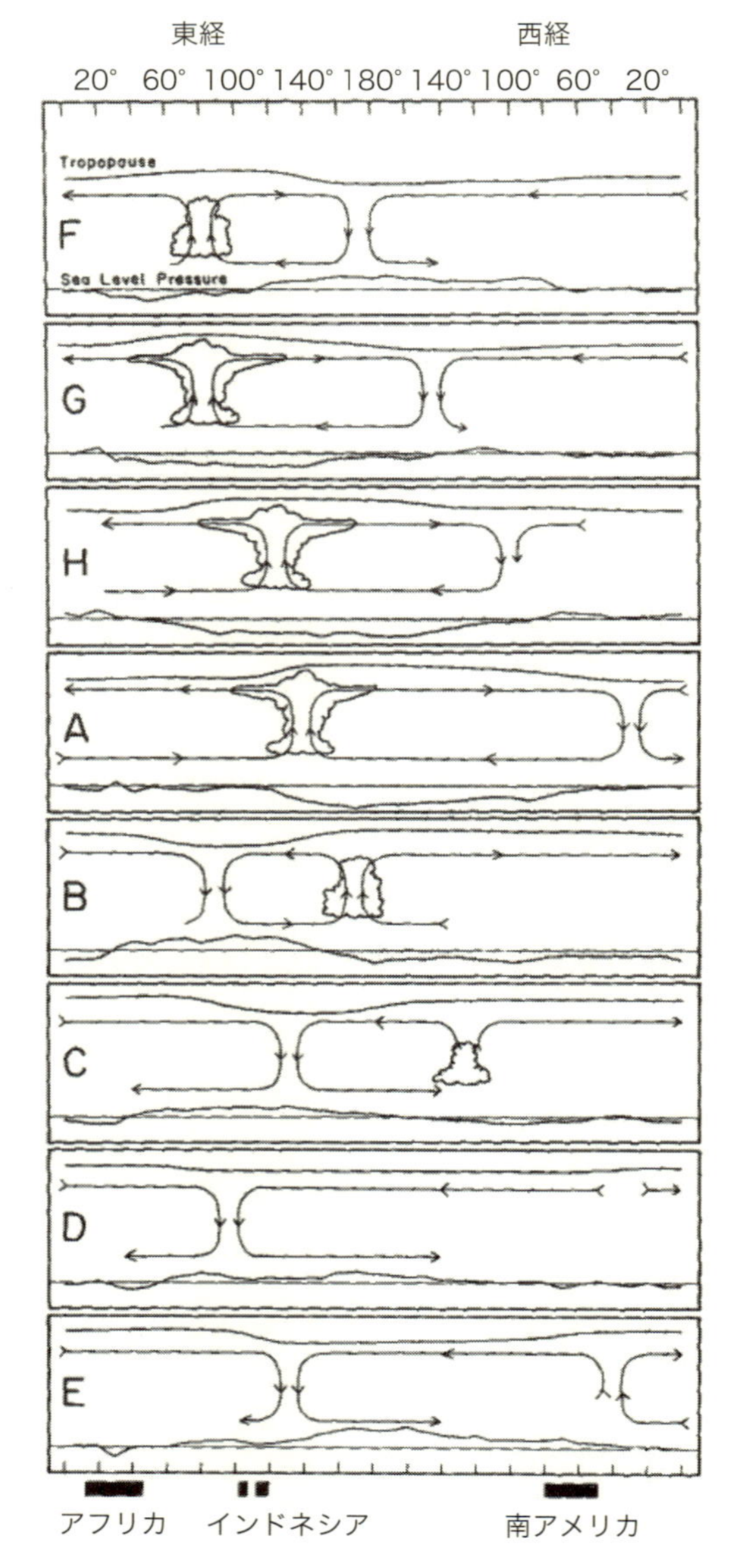

図1.4　赤道上を東進する巨大積雲集団 MJO

なＭＪＯが東進して熱帯収束帯やモンスーントラフに接近したときに、対流が活発になり、より台風が発生しやすくなると考えられます。

これら３つの現象に共通している点は、積雲対流の存在が重要な役割を果たしているということです。台風を生み出す「現象」にとって重要なのは、一つひとつの積雲が、いかに組織化してより大きな積雲対流群に発達し、その後暖気核（周囲に比べて暖かい領域）を持つような対流システムにまで成長して、いかに台風発生に到達できるかという点です。

偏東風波動自体は、直接台風の卵にまで発達する可能性を持っている一方、熱帯収束帯とＭＪＯは、一つひとつの積雲を組織化して台風に成長させる環境を提供していると言えるでしょう。

（３）暖気核　台風の本質的な特徴の一つ

台風が発生したときの中心付近の気温構造を見てみると、対流圏の中層から上層にかけて、周囲に比べて暖かい領域である「暖気核」が存在することがわかります。この暖気核は、別名「ウォームコア」あるいは「温暖核」などと呼ばれます。実際に観測された暖気核をみてみましょう（図1・5）。これは、気象衛星に搭載されたマイクロ波探査計ＡＭＳＵ-Ａという測器により観測された、ハリケーン・ボニー（１９９８）の気温偏差図です。気温偏差とは、同じ高度での周辺の気温と台風中心付近の気温の差のことです。台風中心の上部対流圏２５０hPa（高度11km）付近に、周囲より14度以上も暖かい領域が確認できます。この領域が暖気核です。この暖気核という構造は、温帯の低気圧には見られない、台風にだけみられる特徴的なものです。伊勢湾台風の最盛期では、対流圏上層で周囲より20度も暖かい暖

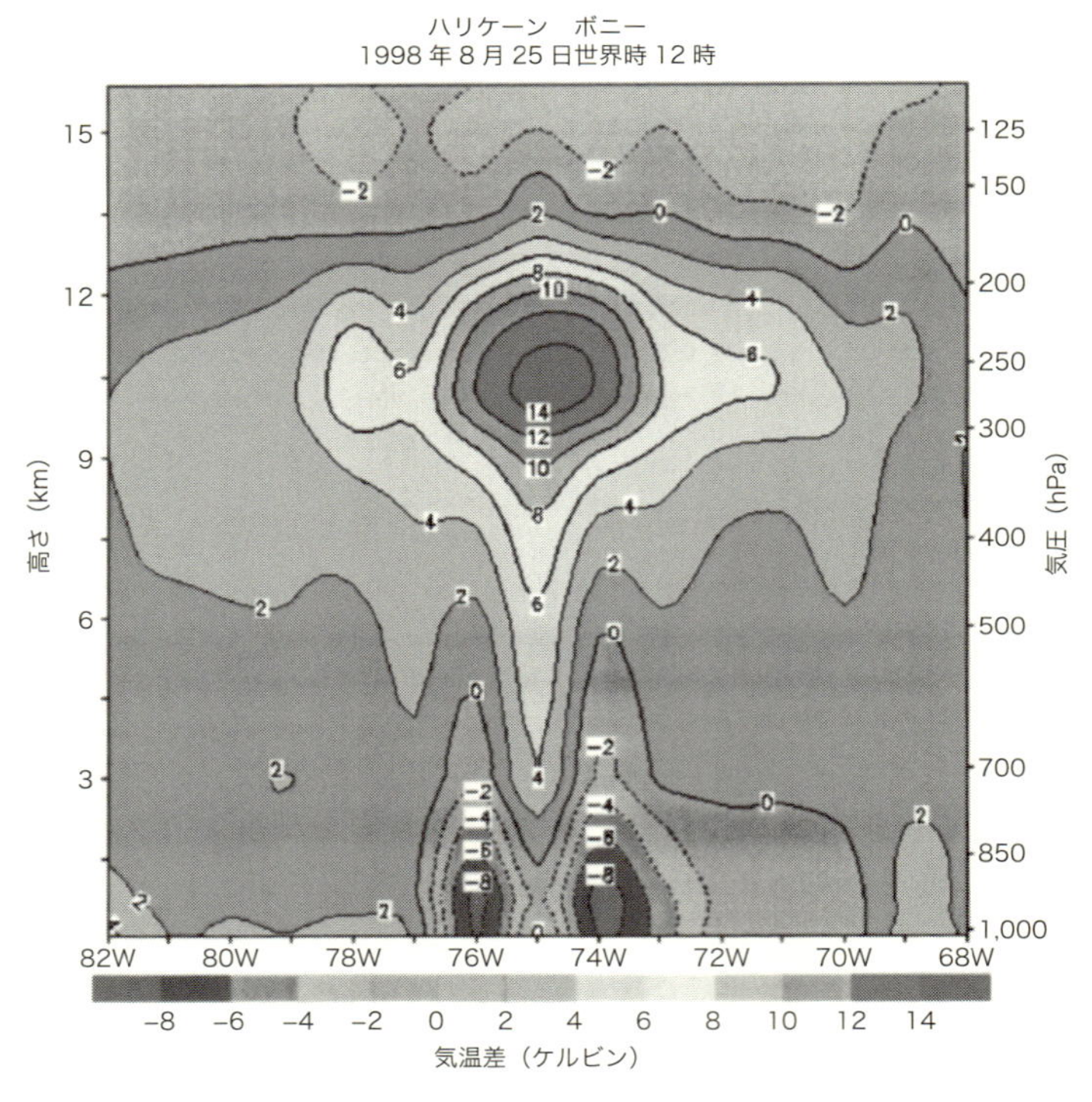

図1.5　衛星から得られた台風の暖気核の例

気核があったことが観測されています。

地上天気図を見ると、台風の中心付近では等圧線が同心円状になっており、中心部分で最も気圧（大気の圧力）が低くなっています。大気には重さ（質量）がありますから、重力によって下向きの圧力を生じます（コラム5　大気（空気）柱の重さ）。つまり、地上の気圧が低いということは、その上にある大気は周囲と比較して軽い（暖かい）ことを意味します。

なぜ暖気核が存在するかというと、台風のエネルギー源である潜熱*05（水蒸気が雨に変わるときに放出される熱）によって大気が温められるためです。暖気核の強さがわかると、台風の中心気圧を推定することができますから、気象庁でも台風の強さを決定するためにこのマイクロ波探査計のデータを利用しています（3・2節参照のこと）。

*05 潜熱については、コラム6を参照してください。

コラム5 大気（空気）柱の重さ

よく台風の強さのことを、中心気圧９８０hPa（ヘクトパスカル）などと言います。昔は、ミリバール（mb）が使われていましたが、国際単位系（SI）が使われるようになったため、パスカル（Pa）を使うようになりました。$1\mathrm{Pa} = 1\mathrm{Nm}^{-2}$なので、１hPaは下記のようになります。

$$1\mathrm{hPa} = 100\mathrm{Pa} = 1\mathrm{mb} = 100\mathrm{Nm}^{-2} \quad (1)$$

ヘクトは、ヘクタール（ha）にも使われており、１００倍の意味です。

1kgf（重量kg）＝9.8N

なので、

$$980\mathrm{hPa} = 980 \times 100\mathrm{Nm}^{-2} = 980 \times 100/9.8\mathrm{kgfm}^{-2} = 10^{4}\mathrm{kgfm}^{-2}$$

となります。１m^2あたり10ｔ、すなわち、１cm^2あたり１kgの空気の重さがのしかかっていることになります。無意識のうちにも、私たちの上の大気には結構な重さがあることがわかります。これだけ大きな重さを感じないのは、私たちの体自体も、同じ力で押し返しているからです。ドラム缶の中に入っている空気を抜いていくと、ドラム缶が潰れるのは、空気圧の力によるものです。空気が入っているドラム缶は、中からも同じ力で押し返しているので潰れないのです。人間の体も、このドラム缶と同じような状態にあると言えます。

コラム6　潜熱と顕熱

潜熱は顕熱と対比して使われます。水の例で言うと、水を温めるためには、熱量が必要です。水１gを摂氏１度上げるのに必要な熱量は、１カロリー（４・１９J）です。水は冷やせば氷になりますし、沸騰させると水蒸気になります。

冷凍庫の氷を暖かい室内に出したとします。たとえば最初は氷点下20℃だったとしましょう。暖かい室内におかれることで、氷の温度は上がり、次第に氷が溶け始め、その一部が水になります。温度を測ると氷も水も０℃です。さらに氷が溶け、そのほとんどが水になりました。このとき、その水の温度を測ってもやはり０℃です。すなわち、熱量が加えられているにもかかわらず、水も氷もともに両者が共存している間は温度が変わらないのです。したがって、加えられた熱は相変化するために使われているので、潜熱と呼ばれるようになりました。

一方、相変化しないときの熱量は、顕熱と呼ばれています。温度が高く暖かいものほどエネルギー（顕熱）が高い、ということになります。

最初に顕熱および潜熱の概念を発見したのは、スコットランドの物理学者・化学者であるジョセフ・ブラック

（Joseph Black, 1728―1799年）です。彼は、マグネシウム化合物を熱すると軽くなることから二酸化炭素を発見したことでも有名です。水の潜熱には、融解熱（氷→水）あるいは凝固熱（水→氷）と蒸発熱（水→水蒸気）あるいは凝結熱（水蒸気→水）の2種類があります。気象学で通常潜熱と言えば、凝結熱のことですが、いろいろな潜熱があることに注意してください。ちなみに、水の融解熱は、333.36kJ／kg、100℃での蒸発熱は、2256.5kJ／kgです。英語では、「latent heat」と言いますが、「latent」とは、実際に存在してはいるが、隠れていて見えないことをさす形容詞で、「latent power（潜在能力）」や、「latent period（潜伏期間）」などと使われます。昔の人の命名の素晴らしさには感嘆させられます。

（4）台風の発達

発生したばかりの台風は、人間にたとえれば、まだよちよち歩きの赤ん坊です。その後、熱帯域の湿った暖かい空気を集めて、暖気核をさらに暖めることで、台風はより発達していき、「一人前の台風」に成長していきます。

台風発生初期の下層には、低気圧性の循環を見ることができます。しかし発達した対流雲は、必ずしも低気圧性循環の中心にあるのではなく、その周囲にバラバラと存在しているケースが多いといえます。しかし、核となる対流雲群が発達していくにつれ、下層の循環と対流雲群が一致するようになり、暖気核の強化が一段と進んでいきます。そして、台風を取り巻く雲はより発達して、背も高く明瞭になり、中心から外側には、「スパイラルバンド」と呼ばれる大きな渦巻きが幾重にも見られるようになります。なかには、鉛直シア（高さによって風の強さが異なること）が強まったり、海面水温が冷たいところに移動したりして、発達できずに衰弱して、「熱帯低気圧」になってしまうケースもあります。

この時期、「急発達」する台風も少なくありません。この急発達とは定性的な言い方ですが、一般的には、24時間以内に、最大風速が35ノット（17m/s）以上強まる場合を指しています。すなわち、1日前に20m/sの台風になったばかりのものが、その後1日で秒速40m/sに発達するような場合を指します。また、最大風速ではなく、その中心気圧の降下率で測るケースもあるようです。

この台風の急発達は、予報官泣かせの現象の一つで、台風の予報を難しくしています。面白いことに、急発達する台風ほど、一生の中でもっとも強かった最大風速（生涯最大風速）も大きくなることがわかっています（図1・6）。この図の折れ線グラフは、横軸は生涯最大風速の大きさを、縦軸は全台風に占める頻度割合を示しています。この図の折れ線グラフは、急発達したケース（766例）、急発達しなかったケース（2303例）、そして全ケース（3069例）の3つのケースを示しています。これを見れば、急発達したケースは、急発達しなかったケースよりも生涯最大風速が強いことがわかります。

また中心気圧の降下率については、1953年の台風13号の場合、6時間の間に93hPaも気圧が下がったという記録が残されています。

急発達が起きる前には、対流バースト（爆発）が発生している可能性があります。つまり台風の発生前に、活発な対流バーストが起き、それを起爆剤にして台風の発生が急速に進むというメカニズムです。しかし台風が発生した後でも、同様の対流バーストが起きて台風の急発達を促すことも考えられます。

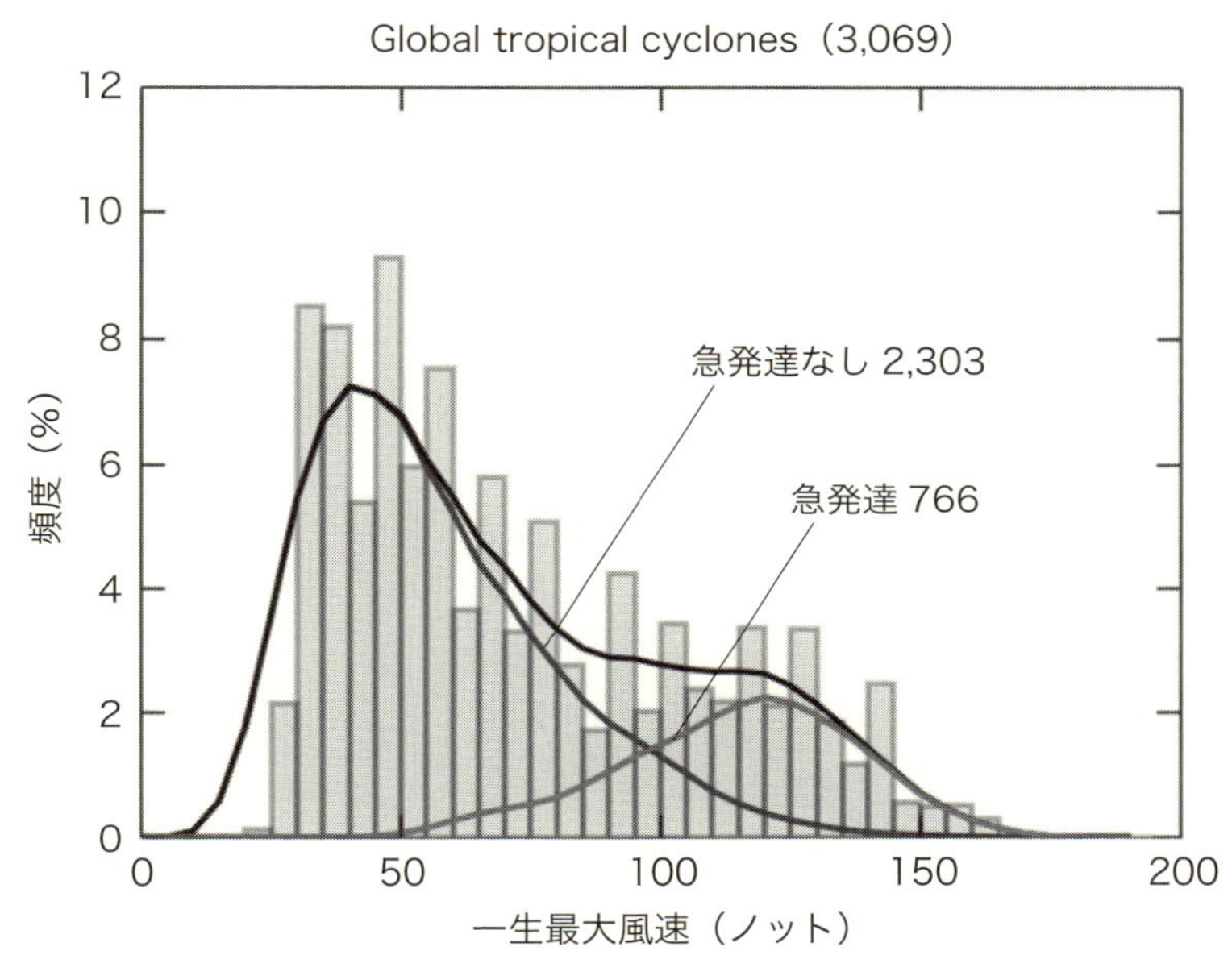

図1.6　急発達する台風としない台風

なぜこのようなバーストが起きるのでしょうか。実はよくわかっていません。たまたまある領域において、下層の暖かい湿った空気に不均一な状況が生まれることが大事なのかもしれません。そんな不均一が起きると、そのなかのより暖かい湿った空気がまとまって、いくつかの積雲が突然バーストを起こすのかもしれません[*06]。

(5) 台風の成熟

発生した台風は、その後も発達を続け、通常、発生から2~5日で最盛期を迎えます。「台風の発達」「暖かい海面水温」「豊富な水蒸気」「弱い鉛直シア」といった環境の下で、

*06　衛星から大気柱全部の総水蒸気量を求めることはできるのですが、下層の水蒸気量だけを求めることは難しく、そのことが急発達する台風の予報を悪くする一因なのかもしれません。

中心付近に深い対流が発達し、それによる潜熱放出で台風の中心付近の温度がより高くなると同時に、中心気圧が下がります。すると中心に向かう風の吹き込みが強まり、低気圧性の循環も強くなり、最も発達する時期である「成熟期」を迎えます。

成熟期を迎えた強い台風では、はっきりとした眼が現れます。これは、静止気象衛星「ひまわり８号」の可視画像や赤外画像で見ることができます。この眼の存在自体、成熟期の台風の特徴の一つです。台風が弱いときには、台風に吹き込む海面付近の風は弱く、したがって台風の中心付近の遠心力が弱いため、台風に吹き込む風は台風の中心まで達することができます。しかし、台風が強まると、遠心力が強まるため、中心から一定の距離以内には風が吹き込むことができなくなり、上昇流となります。この上昇流によってできる対流雲が「眼の壁雲」であり、それよりも中心部分が「台風の眼」となるわけです。

地球観測衛星の画像からは、反時計回りの下層風、中心付近の暖気核、そして、眼の壁雲付近に強い降雨域が観測されます。ときに、非常に強い台風（１分平均の最大風速が１３０ノット以上）では二重眼（二重になっている眼）が見られる場合もあります。赤外画像では、上層の雲が厚いと、その下にある眼が覆われてしまって見えない場合もあるのですが、マイクロ波のセンサーを使うと、上層雲を突き抜けて、その下の眼の状況や、下層の雲、あるいは水蒸気の状況を知ることができます。

台風をとりまく大気の流れ（循環）について触れておきます。地表（海面）付近では、台風の中心に向けて、周辺から、反時計回り（低気圧性）（南半球では逆に時計回り）に湿った風が吹き込んでいます。この風は台風の中心付近まで来ると上昇流に転じます。上昇流は、対流圏上層に達すると、台風中心から外向きに吹き出します。その吹き出しは、ある距離までは低気圧性回転ですが、それより外側では高気圧性回転になります。このことに、ちょっと不思議と思われる方もいらっしゃるかもしれませんね。このようになるのは、角運動量が保存されるためです。詳しくは、「コラム7　角運動量保存の法則」を参照してください。

コラム7　角運動量保存の法則

角運動量保存の法則は、よくフィギュアスケートのスピンに例えられます。手を広げながらゆっくり回っていた人が、手を抱えてすぼめると、回転が急に速くなり、最後にまた手を広げると回転がゆっくりになって演技を終えるのを見たことがあると思います。「角運動量が保存される」ということは、回転速度と回転中心からの距離をかけたもの（角運動量）が不変だということです。手を広げることで回転中心からの距離が大きくなるため、回転がゆっくりになり、すぼめると回転中心からの距離が小さくなるので、回転が速くなります。

このことを数式を使って説明してみます。ある回転軸から距離rのところにある質量mの質点が、その回転軸の周りを速度vで回っていると仮定します。すると、角運動量の大きさは、m*rvになり、その向きは回転軸の方向（右ねじを回したときに進む方向）になります。これは渦自身の回転成分に伴う角運動量になり、たとえたフィギュアスケートの場合と同じです。

地球のような回転流体中では、自転に伴う角運動量をさらに追加する必要があります。角速度Ωで回転している地球上では、緯度ϕでの自転角速度は、$\Omega \sin\phi$なので、接線速度は、地球の回転軸からの距離rを掛けて、$r\Omega \sin\phi$。角運動量は、mrをさらに掛けて、$mr^2\Omega \sin\phi$となります。単位質量あたりで考えると、両者を足し合わせた角運動量（絶対角運動量）は、$rv + r^2\Omega \sin\phi$となり、この量Cが保存されることになります。すなわち、

$$rv + r^2\Omega \sin\phi = C$$

となります。

この法則を使うと、以下のように、台風のまわりの空気の流れについて、いろいろと面白いことがわかりますが、要は、この法則を使うことで、その流れをある程度理解することができる、ということを覚えておけばいいかと思います。数式に興味がない方は読み飛ばしていただいて結構です。

①最初は、台風中心から遠く離れたところで、回転速度成分がまったくなかったとしても、地球の自転に伴う角運動量があるために、台風中心に空気塊が近づくにつれて風速が増すということです。緯度10度で、r＝500kmで無風だったとき、r＝50kmではどれだけ加速されるか計算してみてください。

②次に、緯度の効果を見積もることができます。緯度10度、緯度15度で、r＝500kmでv＝1m/sの風がそれぞれ、r＝50kmではどれだけ加速されるか計算してみてください。今度は、赤道ではどうなるかを調べてみてください。ずいぶん弱い渦しかできませんね。そうなんです。赤道では、地球の自転の効果が効かないため、渦が強くなれず、実際にもほとんど発生していません。

③さらに、面白いことは、台風の上層の吹き出しの特徴もこの法則から導き出すことができます。この法則の式から、rを0に近づけると、vが無限大（低気圧性回転）となること、また、rを負の無限大にすると、vが負の無限大（高気圧性回転）となることは容易にわかります。ということは、rを0から大きくしていったときに（上層で台風中心から風が吹き出していくと）、ある半径のところで、$v=0$、すなわち、低気圧性回転から高気圧性回転になるところがある、ということです。そうです。前に、角運動量保存の法則から、「台風中心からある距離までは低気圧性回転で、それより外側では高気圧性回転になって、吹き出しています」と書いたことを覚えていますか。$v=0$とすると、$r^2=C/(\Omega \sin\phi)$となることがわかりますから、この半径は、絶対角運動量が大きいほど、緯度が低いほど、大きくなることがわかります。

（6）台風の衰弱、消滅

台風が海面水温の低い温帯域にまで北上したり、あるいは、偏西風ジェットに近づいて強い西風域に入ると、その勢力は弱まります。鉛直シアも強いため、暖気核を強めるには適していない環境だからです。弱まった台風はそのまま衰弱して消滅してしまうものもありますが、中には、温帯低気圧に変わって、再発達したり、大雨や強風をもたらす場合もあります。

ある調査によれば、衰弱して弱い熱帯低気圧になり消滅していく台風は、全体の3分の2で、残りの3分の1は、温帯低気圧化（温低化）すると言われています（饒村、１９９３）。この台風の温低化は、近年研究が大きく進展している分野です。日本に上陸する台風の多くは、温低化の過程にあるか、あるいは温低化が完了しているため、ときとして大きな災害をもたらすケースがあるので、十分な注意が必要です。「腐っても鯛」と言いますが、「弱っても台風」という言葉が私たちの業界ではよく使われます。温低化は必ずしも台風の弱体化ではないので、「台風ではなくなった」と安心せずに、気象庁の防災情報に十分注意を払うことが重要です。

1.3 台風と温帯低気圧とはどう違う？

（1）台風と温帯低気圧の違い

それでは、本節では台風と温帯低気圧の違いについて考えてみたいと思います。

中心気圧が周囲より低くなっている点は、台風でも、日本の位置する中緯度の低気圧（温帯低気圧）でも同じです。しかし、台風と温帯低気圧では、いくつかの違いが存在します。一番の相違点は、そのエネルギー源の違いです。台風（熱帯低気圧）は、潜熱で維持されているのに対し、温帯低気圧は、冷たい高緯度と暖かい低緯度との間の気温差をエネルギー源としています。

それではまず、温帯低気圧の方から見ていきましょう。温帯低気圧のエネルギー源が高緯度と低緯度との気温差にあることを初めて理論的に解明したのは、チャーニー（Charney, 1947）とイーディー（Eady, 1949）でした。彼らは、大気中で南北の温度差を解消するような運動が引き起こされることから、温帯域で高低気圧が発生するメカニズムを解明しました。最初は小さなじょう乱だったものが、次第に大きくなって低気圧が発達していくプロセスを二人は発見し、これを「傾圧不安定」と名づけました。

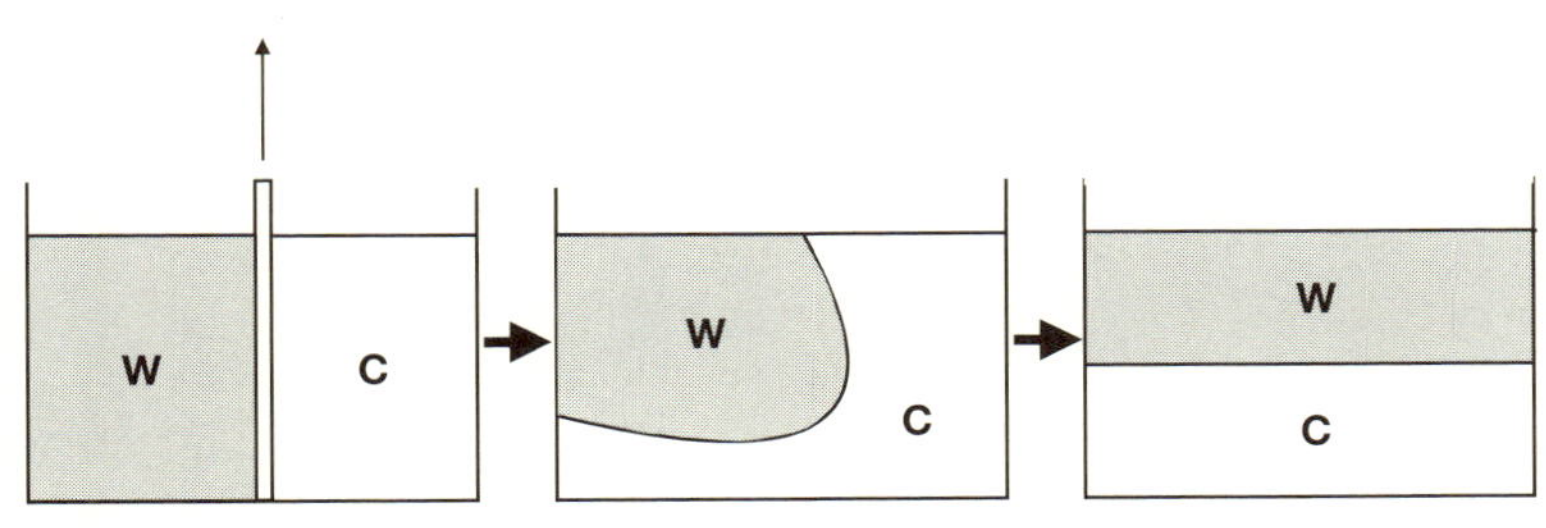

図1.7 マルグレスの実験 温帯低気圧のエネルギー源は南北温度差

南北の温度差が高低気圧の発生・発達に重要な役割を果たしていることを理解するには、ウィーンの中央気象研究所で理論物理学を研究していたマックス・マルグレス（Margules, 1903）の実験が参考になります。まず、薄い板で仕切られている容器の中の左右に、暖かい空気と冷たい空気がそれぞれ分かれて存在しているとしましょう（図1・7左）。最初に境目の板を外してみると、冷たい空気は重いので、容器の下の方に冷たい空気が流れ込みます。一方、暖かい空気は軽いので、容器の上の方に移動します（図1・7中）。つまり、冷たい空気の上に、暖かい空気が覆いかぶさるようになって、運動は止まります（図1・7右）。

マルグレスは、上記の原理をベースに、容器の高さが3km、空気の温度差が10度の場合を想定し、最大で17・3m/sの運動を確認することができました。このことは、位置エネルギーの一部が運動エネルギーに変換されたことを意味しています。この運動エネルギーが高低気圧の発生や発達の原動力というわけです。

前記の実験では、南北の温度差が最終的に解消されるので、運動は止まりますが、実際の大気では、南北温度差は解消されず、高低気圧の生成と消滅が繰り返されることになります。また、実際の地球に置き換えてみると、暖かい空気が冷たい側（極側）に、冷たい空気が暖かい側（赤道側）に運ばれることも理解できるでしょう。

低気圧の東側で、南から侵入する暖気の上昇と、西側で北から流れ込む寒気の沈降によって、位置エネルギーが運動エネルギーに変換されます。そして、この暖かい空気と冷たい空気の境目が前線になるわけです（不連続線とも呼ばれます）。つまり、温帯低気圧にはこの前線（温度や湿度が不連続になっている）があることも大事な点だと言えるでしょう。

北半球での温帯低気圧の場合には、低気圧の後面（中心の西側）で、北からの冷たい空気が南側の暖かい空気の下に入り込んで不連続線（寒冷前線）ができます。また、低気圧の前面（中心の東側）では、南側の暖かい空気が北側の冷たい空気の上を登っていき、やはりここでも不連続線（温暖前線）が形成されます。ただ、温帯低気圧の前線は、低気圧の中心からアーク状に伸びているので、軸対称とはなっていません。

一方、台風の場合は、温帯低気圧と異なり、南北の温度差がほとんどない熱帯大気中で発生しているので、南北温度差がほとんど役割を果たしていないのは明らかです。台風の場合、そのエネルギー源は水蒸気が水に変わるときに出る潜熱です。台風にはその中心付近の対流圏中上層に、暖かい空気塊である「暖気核」が存在します。つまり、台風の中心部では暖かい空気が上昇し、逆に周囲部では比較的冷たい空気が下降していることから、位置エネルギーから運動エネルギーへの変換が起きています。地上気圧の等圧線で見ると、台風は同心円状になっていますが、その理由は、中心付近の対流圏中上層に暖気核が形成されているからです。中心付近で暖気核が形成されると、さらに周辺から湿った暖かい空気が集まってきて、積乱雲の集団が強化され、暖気核も強められることになります。

表1.1 台風と温帯低気圧の違い

	台風	温帯低気圧
エネルギー源	水蒸気が雨滴に変わる時に出る潜熱	南北の温度差
気圧分布	同心円状	前線のところで屈折
前線	なし	あり
発生域	熱帯、亜熱帯の海上	温帯の偏西風ジェット域
対流との相互作用	本質的に重要	重要でない

台風の場合、暖気核はもともと存在していたものではなく、熱帯での豊富な水蒸気からの潜熱により作られているので、温帯低気圧と異なり、「自励的な対流システム」とも呼べるのです。

以上、台風と温帯低気圧の違いをまとめてみますと、表1・1のようになります。

（2）いろいろな低気圧

台風と温帯低気圧の違いを説明しましたが、実は、台風と温帯低気圧の両方の性質をあわせ持った低気圧も存在します。このハイブリッド低気圧のことを、「亜熱帯低気圧」などと呼んでいます（「コラム8　低気圧にもいろいろある？」参照）。

さらに、先ほど「台風は温帯低気圧化する」という説明をしましたが、実はこの逆のことも起きていることがわかっています。これは、温帯低気圧や亜熱帯低気圧が台風になる「熱低化」という現象です。その一例が、2004年3月に、南大西洋で初めて観測されたカタリーナ（Catarina）のケースです。口絵1には、南大西洋に台風経路が一本示されていますが、これがCatarinaの経路です。

つまり自然界には、熱帯や温帯における水蒸気量や気温、風など環境の違

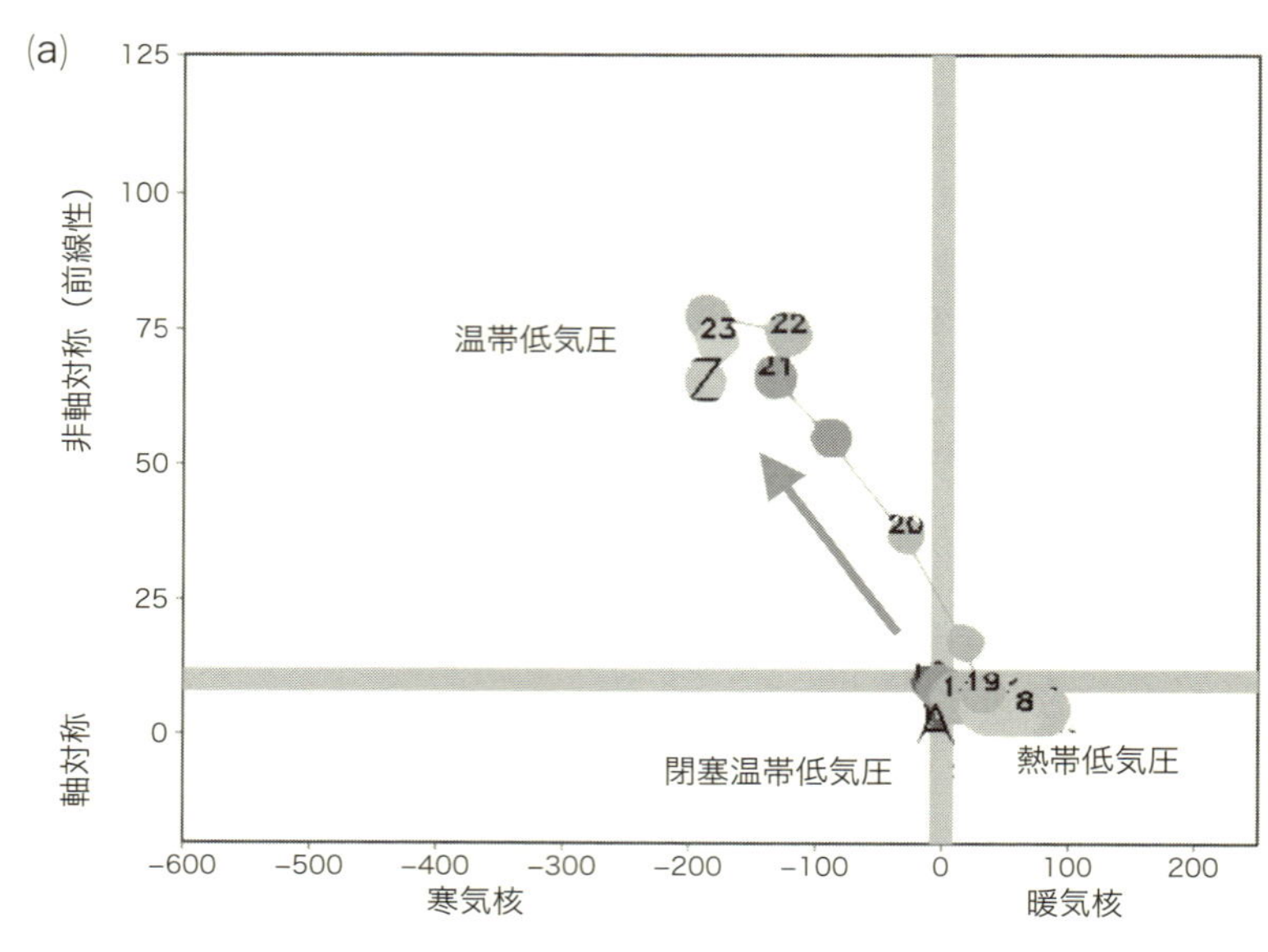

図1.8　低気圧の種類を見分ける方法

いによって、多様な低気圧が連続的に存在しているわけです。現象を理解するために、構造を単純化することも大切ですが、実際の自然界はそれほど単純ではなく、図式化できないグレーゾーンも存在しているということを覚えておきましょう。

台風（熱帯低気圧）や温帯低気圧、そして亜熱帯低気圧など、いろいろな低気圧がありますが、それらを簡単に見分ける方法を米国の研究者、ハート（Hart）博士が明らかにしました。

その原理は、暖気核が対流圏の上層と下層の両方にあれば台風、暖気核が下層だけなら、亜熱帯低気圧、下層が暖気核ではなく寒気核であれば温帯低気圧と分類する方法です。図1・8は、2004年の台風第23号（Tokage）の事例です。最初は右下の熱帯低気圧に分類されていますが、温帯低気圧化が始まると、次第に左上に分類されていくことがわかります。

コラム8　低気圧にもいろいろある？

台風は熱帯低気圧の一種です。中緯度には温帯低気圧があります。では、そのほかに低気圧はないのでしょうか。いいえ、あります。それは、熱帯低気圧と温帯低気圧の両方の性質を持つ亜熱帯低気圧です。ハイブリッド低気圧とも呼ばれています。

これがどのようなものかと言いますと、下層は暖気核、上層は寒気核の構造をしています。下層は台風、上層は温帯低気圧、という感じになります。北大西洋では多くの研究があり、9月から10月にかけて多く発生することが報告されていますが、海面水温が高く、同時に、南北の気温傾度の大きいことが発生に効いていると考えられています。また、上層の寒冷渦が近づくことで、大気が不安定化し、亜熱帯低気圧が発生する事例も見られます。北西太平洋では、上層の寒冷渦の近くで発生するものが亜熱帯低気圧と考えられています。

まとめ

第1章では、台風について、その一生や暖気核、台風が生まれる環境や温帯低気圧との違いなどについて解説しました。

第2章では、台風の発生・発達のメカニズムに迫ります。

第2章

台風の発生・発達のメカニズム

第2章では、台風の発生・発達メカニズムと考えられている第2種条件付不安定（Conditional Instability of the Second Kind：CISK〔シスク〕）*01について、順をおって説明していきたいと思います。難しいところは、読み飛ばしても結構ですので、わかるところから読み進めてください。

まずはじめに、CISKを理解する上で必要な気象学用語である「不安定」「条件付」「第2種」について解説していきましょう。

*01　CISKという名称は、米国の2人の研究者、チャーニーとエリアッセンが1964年に命名したことになっていますが、その1年前の1963年に、大山勝通博士がCISKの重要性を指摘し、積雲対流による潜熱加熱の効果を大気境界層上端での摩擦収束に比例させることにより、台風の大きさや時間スケールを説明することに世界で初めて成功しました。

2.1 不安定な大気って何？

（1）起き上がり小法師を例に

よく、テレビの天気予報で、「上空に寒気が入ってくるため、大気が不安定になり、雨や雷が起こりやすくなるでしょう」という解説を耳にします。ここでいう「不安定」とは何でしょう。一般的に「安定」とは、何かのきっかけで小さな運動が起きたときに、その振幅が時間とともに小さくなったり、元の位置に戻っていくことを言います。逆に、振幅が大きくなったり、元の位置に戻らない場合には「不安定」と言います。

たとえば、起き上がり小法師の頭を押すと、最初は左右に振れていても、時間が経つとその振れは小さくなり、最後には真ん中で止まり、最初の状態に戻ります。このような振動が「安定」です。逆に、起き上がり小法師を逆さにして（うまく立たせることも難しいのですが）、頭を押してみましょう。すると、起き上がり小法師は逆さの状態に戻ることなく、横に倒れるか、頭を上にして止まります。このように元に戻らない場合のことを、「不安定」と呼びます。

（2）ほんの少し上昇した時、そのまま上昇し続ける時は不安定

それでは、「大気の不安定」とはどのような状態のことを言うのでしょうか。たとえば、何らかのきっかけで、小さな空気塊をほんの少し上昇させたとします。そのあと、もしこの空気塊がもとのところに下降して戻ったとすれば、この周辺の大気は安定です。しかし、この空気塊が上へ上へと上昇し続

ける場合もあります。そのような場合、その大気は不安定な状態だと言います。

（３）高さ方向の気温の変化が安定・不安定を決める

それでは、安定、不安定を分け隔てるのは、どのような条件なのでしょうか。それは、大気の高さ方向の気温分布に関係しています。大気の高さ方向の気温分布は、大気逆転層（上に行くほど気温が高くなっている）や、氷上などを除けば地表面でもっとも高く、上空に行くほど低くなっています。気温が高さとともに低下する度合いは、大気温度減率と呼ばれ、水蒸気を含まない乾燥大気の場合、理論的に求めることができ、１００ｍ高度が上がると、気温がおよそ1℃ほど下がります。これを乾燥断熱減率と呼んでいます（コラム９　乾燥断熱減率を参照のこと）。一方、湿度１００％の水蒸気が飽和している大気の場合に、気温の低下する度合いのことを、湿潤断熱減率と呼んでいます。

ここでは、小さな空気塊とそれを取り巻く大気を考えます。小さな空気塊は水蒸気を含んでいないと仮定しましょう。空気塊を少しだけ上に上げた時の空気塊の運動を図２・1で説明します。図のa.は、小さな空気塊の周りの大気温度減率が乾燥断熱減率よりも大きい場合で、図のb.は、乾燥断熱減率よりも小さい場合に、小さな空気塊が上昇するとどうなるのかを示した図です。

a.では、周りの空気は高くなるにつれて、灰色から黒に近づいていますが、これは、空気が下ほど暖かく（軽く）、黒に近づくほど冷たい（重い）ことを表しています。b.ではa.に比べて、気温の下がり方が小さいので、上の方でも灰色になっています。

まずa.から見ていきましょう。Aでは周囲と同じ気温だった空気塊がAからBに上がったとします。

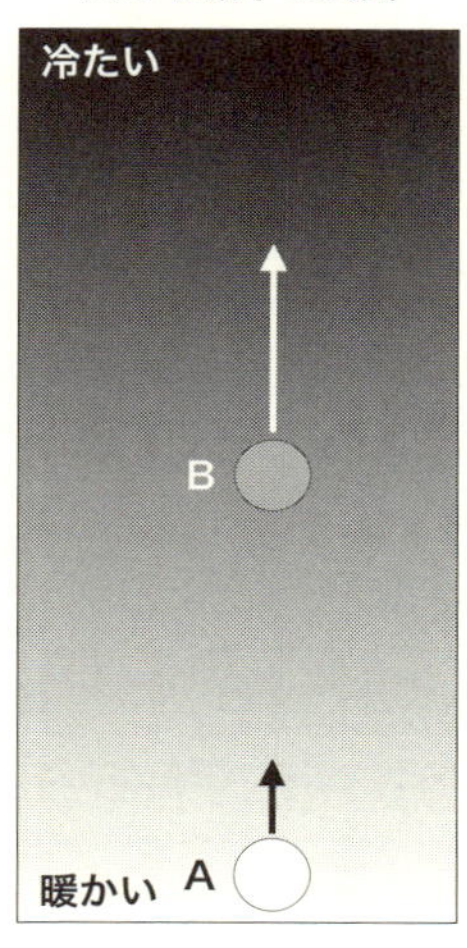

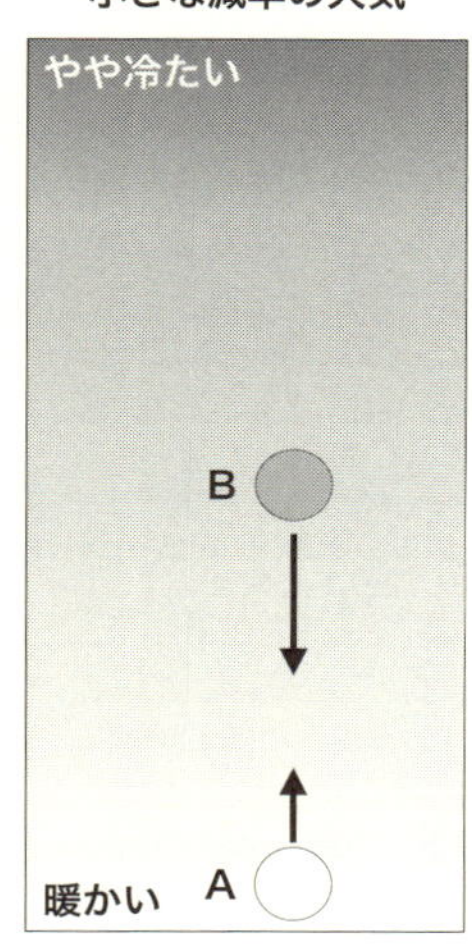

図2.1　不安定な大気と安定な大気

Bまで来ると、周りの空気は乾燥断熱減率よりも大きく気温が下がっていますが、空気塊は、乾燥断熱減率で下がりますから、Bでの気温を比較すると、周りの空気の方が冷たく（重く）、空気塊の方が暖かい（軽い）ことがわかります。ですから、空気塊は元のAに戻らずに、さらにBよりも上に上昇していきます。このような場合には、大気は不安定である、と言います。

一方のb.の場合は、周りの空気の気温の下がる度合いは乾燥断熱減率よりも小さいので、Bの気温はAの気温と比較してそれほど冷えてはいません。Aにあった空気塊がBに上げられる時、その空気塊は乾燥断熱減率で下がります。そのため、Bでは、空気塊の方が周りの気温よりも冷たく（重く）なるので、再度Aの方に降りていきます。このような状態の大気は安定だと言います。

まとめてみると、気温の高さ方向の分布がどのようになっているのかが大気の安定、不安定を決めて

います。高さが上がるにつれて気温がどんどん下がるような大気の場合は、大気の状態は不安定です。逆に、高くなっても大気の気温があまり下がらない場合には、大気の状態は安定です。「上空に寒気が入りやすくなっているので、大気は不安定になり、ところどころ雷や雷雨があるでしょう」というのはつまり、大気が不安定なので、空気の塊が上昇を続けていくため、雲ができ、雨が降りやすいということです。

コラム9　乾燥断熱減率

大気の乾燥静的エネルギーsは、エンタルピーCpTと位置エネルギーgzの和で表される（ここに、Cp: 定圧比熱、1004J/K/kg、g: 重力加速度、$9.8ms^{-2}$）ので、

$$s = C_pT + gz$$

断熱を仮定すると、

$$ds = C_pdT + gdz = 0$$

ですから、鉛直の温度変化、dT/dzは、

$$-g/C_p = -9.8/1004 = -0.976℃/100m$$

となります。この値（負の値でなく、正の値）のことを乾燥断熱減率と呼びます。

この値を使うと、たとえば富士山の二合目（１７００ｍ）で気温が20℃だったとしても、頂上付近（３７００ｍ）

では0℃ということになります。

では、実際の大気温度分布が乾燥断熱減率より大きい値をとっていたとすると、どうなるでしょうか。大気塊がほんの少し上に動いたとき、まわりの気温はこの大気塊より冷たく（重く）なっていますから、さらに上昇していきます。すなわち不安定です。逆に乾燥断熱減率より小さいとどうでしょうか。まわりの気温はこの大気塊より暖かく（軽く）なっているので、大気塊はもとのところに戻ろうとします。すなわち安定です。

大気が湿っている場合は、大気が飽和すると潜熱が出てくるため、鉛直温度減率は小さくなります。飽和している場合の温度減率（湿潤断熱減率）も理論的に計算でき、およそ0.5–0.7℃/100mほどの値をとります。乾燥断熱減率と比べて、確かに減率が小さくなっています。これは潜熱で大気が暖められているためです。

（4）水蒸気を含んだ大気の場合は？

これまでのケースは、大気に水蒸気が含まれていない、あるいは飽和していない場合の話です。大気に水蒸気が含まれている場合は、少しだけ注意が必要です。つまり、水蒸気を含んだ大気は、上昇して気温が下がった結果、含みうる飽和水蒸気量が小さくなる（気温が高いほど、飽和水蒸気量は大きい）ので、ある高度に達すると水蒸気は飽和し、湿度が100％になります。すると水蒸気が水滴に変化し、その時に凝結熱（潜熱）が発生するので、それが周りの大気を温めることになります。この熱のことを潜熱加熱と言います。潜熱の大きさは、温度25℃の時、水1gあたり、実に580カロリー*02にもなります。水1gの温度を1℃上げるのに必要な熱が1カロリーですから、潜熱がいかに大きいかがわかります。

この潜熱加熱のために、飽和大気では、乾燥大気に比べ温度減率が小さくなります。飽和大気の温度減率（湿潤断熱減率）は、空気塊の水蒸気量によって多少変化するので、一定の値を取りませんが、おおよそ０・５―０・６℃／１００ｍです。つまり乾燥断熱減率は、常に湿潤断熱減率より大きい値をとるわけです。したがって、水蒸気を含む湿潤大気では、大気の高さ方向の気温変化率のとり得る値によって、乾燥大気の場合よりも多くの状態が存在することになります。そのケースを以下でご説明しましょう。

湿潤断熱減率より小さい温度減率の大気では、少しだけ上昇する空気塊は、飽和していれば湿潤断熱減率で、不飽和であれば乾燥断熱減率でその気温が下がりますが、周りの大気はそれよりゆっくり下がる分布のため、空気塊は周りの大気より冷たくなって重くなり、もとに戻ろうとしますから、絶対安定（大気が飽和していようと、不飽和であろうと安定という意味です）です。

大気の温度減率が、湿潤断熱減率と乾燥断熱減率の間の値のときはどうでしょう。この時は、飽和している空気塊は湿潤断熱減率で気温が下がるのに対して、周りの大気はそれより大きく下がるので、空気塊の方が暖かいので不安定です。逆に、乾燥している空気塊は、乾燥断熱減率で下がりますが、周りの大気はそれよりゆっくりしか下がらないので、空気塊の方が冷たくなるために安定となります。このように、空気塊が飽和しているかいないかで、大気は安定だったり不安定だったりするため、このような温度減率を持った大気の状態を条件付不安定と呼びます。

＊02　カロリーは国際標準のSI単位ではありません。SI単位では、１カロリーは、約４・２ジュール（Ｊ）に相当します。

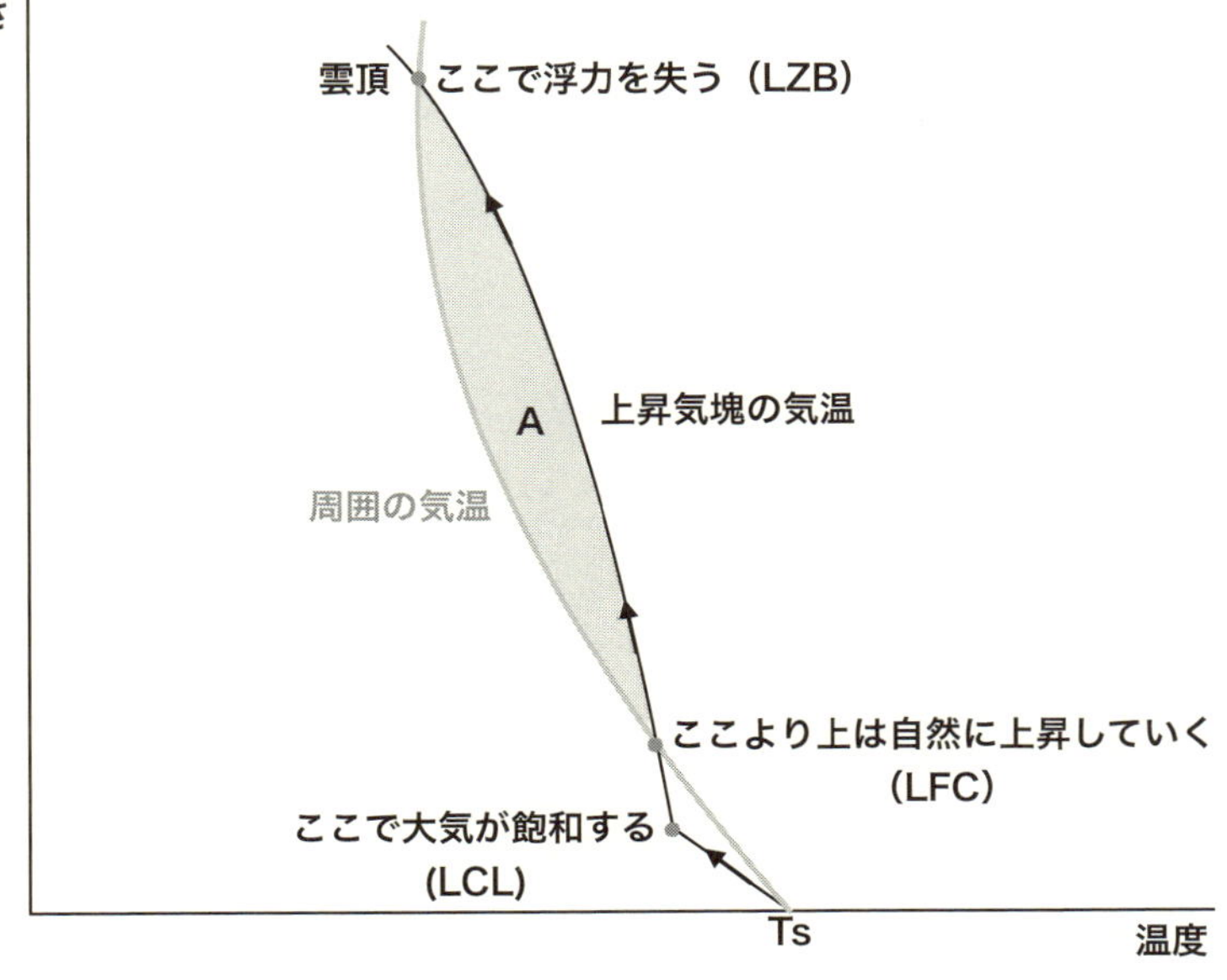

図2.2　熱帯条件付不安定大気中の上昇気塊

大気の温度減率が乾燥断熱減率より大きいときは、少し上昇する空気塊は、飽和していても、飽和していなくても、温度はゆっくりとしか下がらず、周りの空気よりも暖かくなるので、さらに上昇を続けることとなり、絶対不安定となります。

2.2 大気の上昇

(1) 条件付不安定の大気中で、空気塊が上昇すると…

大気の鉛直温度減率が、乾燥断熱減率よりは小さく、湿潤断熱減率よりは大きい時、大気は条件付不安定であることを、前節で学びました。飽和大気に対しては不安定、乾燥大気に対しては安定な大気の場合です。

熱帯の大気は、ほぼ条件付不安定になっています。条件付不安定の大気層がある中で、ある空気塊が上昇するとした時、どのようにその気温が変化するのかを、安定度を指標にしながら、図で見ていきましょう。図２・２の灰色の実線は、実際の大気温です。黒い実線は地上気温Tsの空気塊が上昇していく時の温度です。この空気塊が飽和していないとすると、すでに書いたように、乾燥断熱減率により気温を下げながら上昇していきます。この時、空気塊の気温は、周りの大気温より冷たい（重い）ので、放っておけば元に戻ってしまうことになり、「安定」な大気中にいることになります。

（２）不飽和だった空気は上昇して飽和し、ある高さより上で、自分の浮力で上昇

たとえば、周りからの空気が集まって（収束して）、上昇を続けるとしましょう。すると、ある高さ（図２・２でＬＣＬ）でその空気塊は飽和します。積乱雲の「雲底」にあたります。その高さよりさらに上昇するときは、空気塊は飽和していて、潜熱加熱が加わるために、乾燥断熱減率ではなく、湿潤断熱減率で上昇していきます。すると、ある高さより上で、その空気塊が周りの大気温より暖かくなり（軽くなり）ます。この高度（図２・２でＬＦＣ）までくれば、それ以後その空気塊は自分の浮力でどんどん上昇を続けることができます。したがって、「不安定」な大気中にいることになり、積乱雲として発達することになります。「空気塊はどんどん上昇を続ける」と書きましたが、ある高さ（図２・２でＬＺＢ）に達すると、再び周りの大気温と同じになるポイントを横切ることになり、そこで浮力を失い上昇が止まります。この高度は、積乱雲の「雲頂」にあたります。

2.3　２種類の条件付不安定

（1）小さなボツボツと浮かぶ積雲　―第1種条件付不安定

地面付近では、大気が不飽和で安定な状態であっても、空気が集まって上昇することにより飽和し、さらに上昇して周りの大気温より暖かくなって不安定になるケースがあります。これが条件付不安定です。この不安定は、積雲や積乱雲などの対流を引き起こすもので、第１種条件付不安定と呼ばれます。夏のよく晴れた日に、小さな積雲がポツポツと浮かんでいる状態がこれにあたります。

（2）積雲対流の集団がより大きな渦巻きを発達させる　―第2種条件付不安定（CISK）

それに対して、積雲対流の集団が、潜熱加熱をエネルギーとして、より大きな渦巻きを発達させる不安定のことを、第２種条件付不安定と呼んでいます。これは１９６４年に、台風の発生・発達を説明する新たな条件付不安定として発見され、個々の対流の発生を説明する条件付不安定と区別するために、「第２種条件付不安定」と名付けられました。

第１種条件付不安定が、一つひとつの積雲ができることを説明するものであるのに対して、第２種条件付不安定は、一つひとつの積雲が集団として組織化することで、広域のまとまった潜熱加熱をエネルギー源として、より大きな渦巻きである台風などの発達に寄与していることを説明するものです。

（3）条件付不安定である熱帯大気はCISKにとって重要な条件

以上のことを図でご説明しましょう。一つ一つの積雲がまとまることなく存在している状態が第１種条件付不安定です（図２・３ａ）。一方図２・３ｂは、一つ一つの積雲がまとまって、中上層に潜熱加熱による暖気域ができ、気圧が下がり始め、地上付近の暖湿空気が積雲集団の中心に吹き込み、その後大きなスケールの積雲集団が形成され、組織化される状態を表現しています。これが第２種条件付不安定です*03。熱帯大気が条件付不安定であることは、ＣＩＳＫにとって、積雲対流を次々に発生させ、生成消滅を繰り返しながら、さらに大きなスケールへと組織化していくために極めて重要な条件です。なぜなら、ある程度の高さまで下層の空気が上昇しない限り、不安定にはならないわけですが、熱帯では下層の気温が高く、しかも湿っているので、少しでも上昇することができれば、すぐに積乱雲が発達できる環境にあるからです。また、下層気温が高ければ高いほど、あるいは湿っていればいるほど、積乱雲がより容易に発達できることになり、積雲対流の集団化、組織化が促進されることになります。

*03　一つ注意していただきたいのは、図２・３ａの縦横幅は数10㎞ほどであるのに対して、図２・３ｂは数１００㎞と一桁違っていることです。図２・３ａの積雲の柱は幅数キロほどの大きさですが、図２・３ｂの柱は、一つひとつの積雲がまとまった、積雲群とでも呼ぶべき、幅数10㎞ほどの大きさを持ったものです。

a 第1種条件付不安定

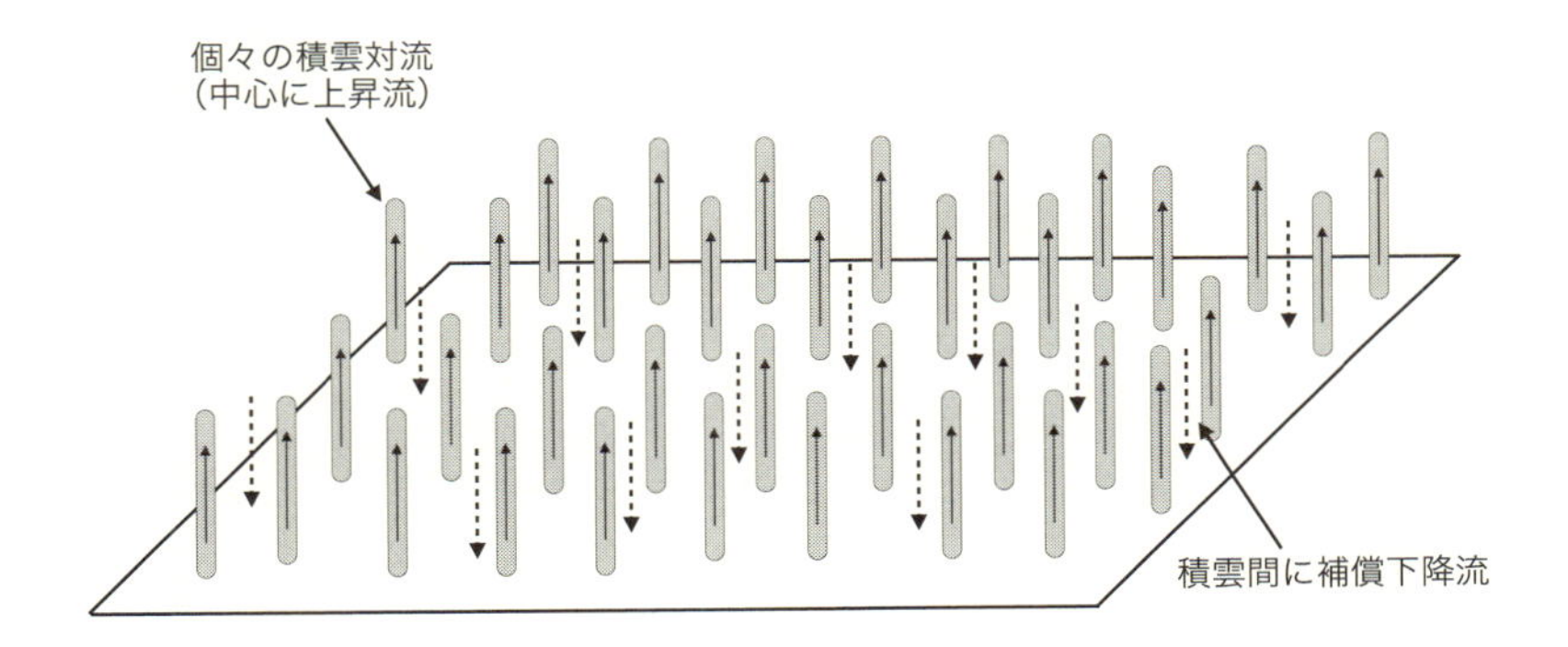

個々の積雲はまとまることなく存在している

b 第2種条件付不安定（CISK シスク）

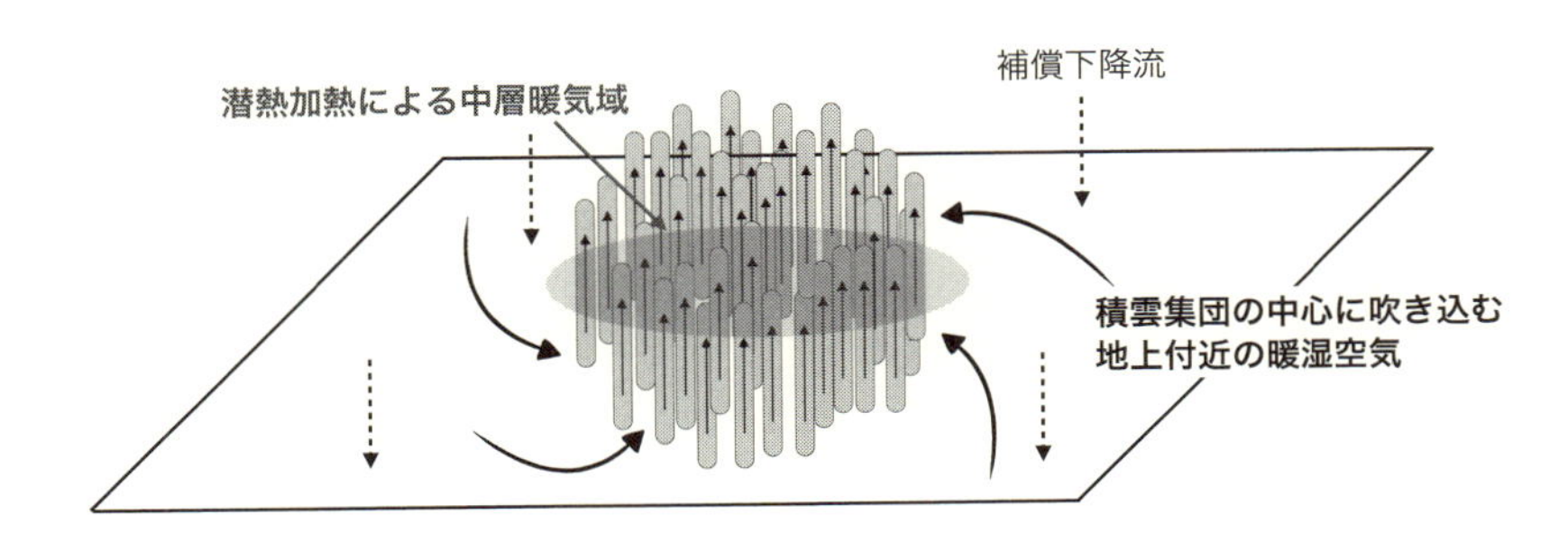

個々の積雲はより大きなスケールの積雲集団に組織化される

図2.3 積雲の組織化の違い

2.4 CISK（対流とより大きな場とのコラボ）で台風が発生・発達

（1）一つひとつの積雲の発達から台風の発生へ

第1種条件付不安定は、一つひとつの積雲の発生、発達を説明できるのですが、台風の発生、発達を説明するためには、第２種条件付不安定の理論の登場を待たなければなりませんでした。

台風のエネルギー源は、水蒸気が凝結するときに放出される潜熱です。まず、湿った空気がたっぷりある熱帯の海上に積雲ができ始めます。積雲の大きさは、1～数km程度で、寿命も数十分程度です。その後その雲は、だんだんに数が増えはじめ、より大きくまとまり、さらに大きな雲の集団（大きさは数十km、時間スケールは1時間から10時間程度）が形成されていきます。この時点では、一つの深い積雲対流から作り出される冷気塊によって、周囲に次々と多くの新しい積雲対流が作り出されていくことが大事です。この時点では必ずしも積雲の潜熱加熱は組織化に効いてはいません。しばらくすると、この雲集団はさらに大きく組織化して発達し、気圧が下がりだし、下層の暖湿気流が雲集団に吹き込むことで、より深い対流がたち、組織化した大きな雲集団の持続時間も長くなっていきます。この時点になると、深い積雲対流による潜熱加熱が、さらなる雲集団の組織化に効いていると考えられます。そして、ようやく最後に台風にまで成長します。

（2）積雲対流と大きな渦巻きとのコラボ

このように、つぎつぎに台風が強化されていくのは、正のフィードバック機構が働いているからです

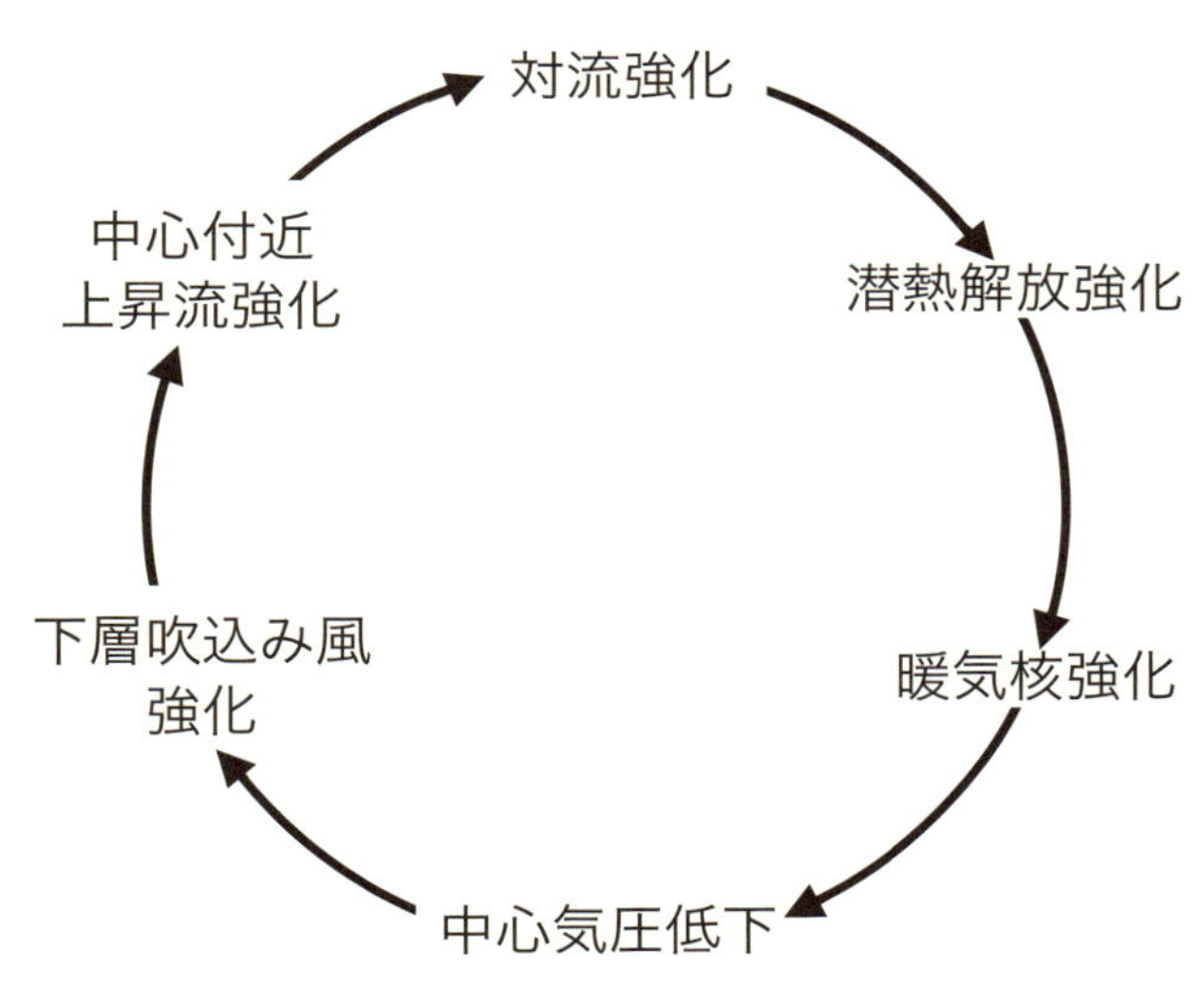

図2.4　CISKの代表例 台風の壁雲で対流と大きな場とのコラボ

が、それは、いってみれば、台風の中心付近で、発達する積雲対流群の活動とその周りのより大きなスケールの渦巻きとのコラボレーションが起きているということになります。このことを説明するのが図2・4です。

たとえば、左上、台風の中心付近の上昇流が強まったところから出発してみましょう。すると、台風の中心付近では積雲対流活動が強まります。対流活動が強まると、潜熱加熱がより強まり、暖気核がより暖められます。そのため、さらに中心気圧が低下して、周囲から下層の湿った空気が台風に向かってより強く吹込むことになります。そこで、さらに中心付近の上昇流が強められます。ただ、この図では、「中心気圧が低下すると、なぜ下層の湿った空気がより強く吹込むのか」という点については説明しきれていません。この点に関しては、「コラム10　摩擦収束」をご参考にしてください。

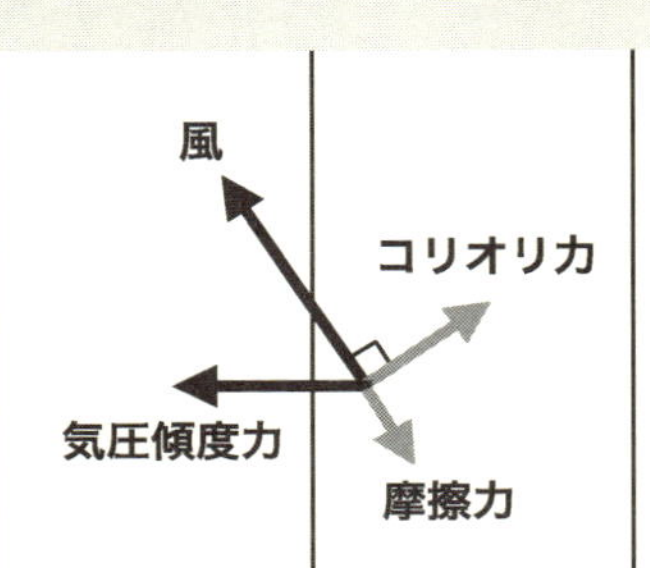

コラム10　摩擦収束

低気圧性回転を持つ渦では、地表面付近の空気が地面との摩擦により、渦の中心に向かう流れを生み出し、吹き込むようになります。少し不思議に思われるかもしれませんが、地面摩擦がないと、低気圧に向かって風は吹き込みません。等圧線に沿って風が吹く地衡風平衡という状態が生じるからです。

ではなぜそうした状態が生じるのでしょうか。北半球の、地面摩擦が効かない上層で東に高気圧、西に低気圧があり、等圧線が南北に走っている状態を想像してみてください。高気圧と低気圧の間にある空気塊の動きを考えてみましょう。その気塊には、気圧傾度力が働くので、まず低気圧側に、東から西に向かって移動し始めます。すると、地球の自転の影響で、進行方向の右向きにコリオリ力が働くため、西に向かっていた風は、北向きになります。さらにコリオリ力が働き、真北に向かって吹くようになり、気圧傾度力とコリオリ力が釣り合って、平衡状態になります。

それでは地面摩擦がある地表付近ではどうなるのでしょうか。その場合には、コリオリ力に加えて、摩擦力が気圧傾度力と釣り合うことになり、地表付近では、低気圧に向かって吹き込む（等圧線を横切る）風ができます。これを図示すると、上の図のようになります。

低気圧の中心付近では周囲から風が集まってきます。それを「収束」と呼びます

（逆に、風が広がっていく場合には、「発散」と呼びます）。ですから、摩擦があることによって風が低気圧の中心に向かって集まってくるこのような現象を「摩擦収束」と呼んでいます。もし、もっと調べたいという方は、「エクマン境界層」や「エクマンスパイラル」などを調べてみてください。

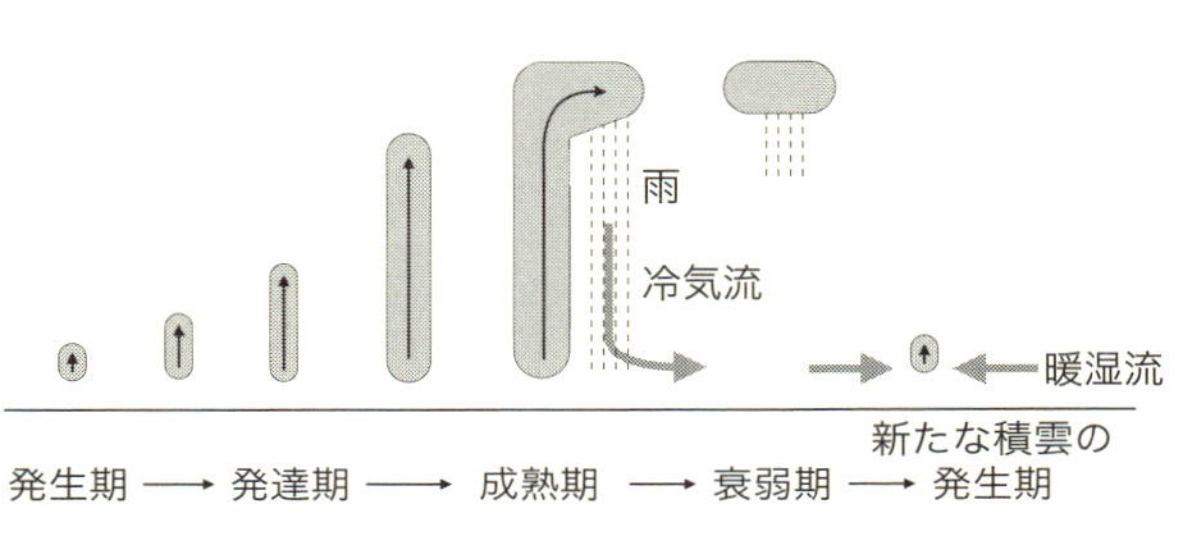

図2.5　一つの積雲の一生とその連続生成

(3) いろいろなＣＩＳＫがある

実は、ＣＩＳＫにはいろいろな形態や種類があり、対流と循環場との正のフィードバック機構は、台風の発達だけでなく、台風の発生にも、さらには、熱帯域での対流を伴う渦の発生や発達にも効いていることがわかってきています。さらに、まだ台風になる前（5 m/s程度）の弱い渦のとき、地面摩擦が重要でないＣＩＳＫも存在します。このような台風になる前の対流システムにおいては、対流が持続して発生・存在していくために、雨水の蒸発冷却による地面付近の冷気塊（コールドプール）がＣＩＳＫにとって重要な役割を果たしています。このメカニズムについて、図2・5を使ってご説明しましょう。

（4）弱い渦の発達に果たす冷気塊の役割

水平に数㎞の広がりを持つ一つ一つの積雲は、発生期から成熟期を経て衰弱するまで、通常、数時間程度の寿命しかありません。個々の積雲は、なんらかのきっかけでまわりより暖かい湿った気塊が上昇し始め、水蒸気が凝結することで作られます。そして雨を降らせて、その短い一生を終えます。

こうした対流が単発的に終わってしまうのではなく、より大きな広がりを持って持続的に存在し続ける積雲の集団として組織化するためには、それなりの数のそれなりに深い（背の高い）積雲が、それなりの強さの降水を伴って発生し、存在することが必要です。積雲の一生の後半では、雨が降ることになりますが、そのとき下層が乾燥していると、その雨が落下していく途中で蒸発して水蒸気になります。すると潜熱が奪われるため、まわりの空気が冷え、下降する冷気が冷気塊を作ります。この冷気塊は地面にあたって周囲に広がり、上昇流を冷気塊の周りに作り出すため、新たな対流が発生するきっかけとなります。このように、新しい対流が次々と持続して発生する環境が生まれると、潜熱により大気の中上層が少しずつ加熱されていき、それにより地表の気圧が下がり、地面摩擦による吹き込みも次第に始まっていきます。そうなることによって、より多くの深い積雲対流の組織化がさらに進んでいくと考えられます。

コラム11 積雲集団の組織化と原子の核分裂反応

新しい対流が次々と持続して発生して、積雲集団が組織化されていく様子は、原子の核分裂反応とも似ています。天然に存在する元素のうちでもっとも原子番号の大きなものは、ウランです。

ウランを含め、大きくて重い元素は、自然界では核分裂を起こします。1個の中性子がウラン235の核に照射、吸収されると、その原子核はおおきく2つに分かれるとともに、大量のエネルギーの放出と、2、3個の中性子が出てきます。これらの中性子がさらに別の核に当たり、吸収されて核分裂を起こします。

核分裂の場合、ウランの密度が、新たな核分裂を起こす中性子の数を決める上で重要ですが、積雲集団の場合には、積雲の個数と相互の距離などの積雲の「密度」といったものが、新しい積雲の発生に重要な役割を果たしているのかもしれません。

まとめ

第2章では、台風の発生、発達に重要な役割を果たしている、第2種条件付不安定（ＣＩＳＫ）、すなわち、積雲対流とより大きなスケールの運動とのコラボレーションについてお話ししました。台風を理解する上でとても重要なので、ぜひ理解していただきたいと思います。

第3章では、台風の強さなどを測定する、「台風の観測」についてお話しします。

第3章

台風をとらえる

台風の将来を予測するためには、まずは台風を観測する必要があります。観測の目的は、台風の周辺をとりまく風を測ることで進路予報に役立てたり、台風の中心付近の気圧や最大風速などの情報から強度予報を行うことにあります。したがって、台風の観測を行うことは台風の予報にとって必要不可欠なものだと言えるでしょう。例えば、台風の発生の定義は、台風の最大風速が17m/sを超えることだと言いましたが、どうやって最大風速が17m/sを超えたことを観測し、台風が発生したと判断しているのでしょうか？　実は、現在では、主として、静止気象衛星の画像などを見て解析することで、台風の発生や風の強さ、中心気圧などを決定しています。

しかし、静止気象衛星が利用できるようになったのは、1980年代のことです*01。戦後から1980年代半ばまでは、B29やC130などの軍事用の飛行機を改造した気象観測用航空機を用いて、グアム基地より北西

大きさ、強さって
電波でわかるの？

太平洋で米軍による台風の観測が行われ、台風の中心位置やその強さが求められていました。また1970年代ころからは、地球を周回する地球観測衛星による観測が行われるようになりました。しかしそれ以前は、極めて限られた島や船による観測に頼らざるを得ませんでした。

3.1　台風強度を衛星から推定 ― ドボラック法 ―

(1) 台風の中心まで行って直接観測することは難しい

台風を予報するには、まず台風の最新の姿を正確に知ることが必要です。いま台風はどこにあり、どれくらいの強さなのか。あるいは、台風のまわりの風や水蒸気などはどのような状況なのかを診断するためには、観測器や衛星搭載センサーなどのさまざまな道具が必要です。

ただ、台風は地球上でもっとも激しい大気現象の一つですから、台風の近くまで行って直接観測するのはとても難しいことです。その昔、気象庁の観測船が夏の間、日本の南海上の南方定点（北緯29度、東経135度）で主に台風の襲来に備えて観測を行っていました。ほぼ同じところで観測を行っていましたので、定点観測船と呼ばれました。饒村曜著『台風と闘った観測船（気象ブックス013）』には、

*01　ひまわり1号が打ち上げられたのは、1977年7月。運用開始は1977年11月。1981年12月にひまわり2号に引き継いだ。

この定点観測が連合国総司令部ＧＨＱの命令で始められたこと、当初は北方定点（北緯39度、東経153度）から始まったこと、そして平均風速が40m/sを超える台風の観測を行っていたことなどが記されています。この定点観測は、静止気象衛星「ひまわり」の登場とともに、1981年にその役割を終えました。それ以後、北西太平洋だけでなく、地球上のどこでも、静止気象衛星や極軌道の地球観測衛星が、台風の観測に重要な役割を果たすことになります。

（2）ドボラック法　衛星から台風の強さを見積もる

米国海洋大気庁ＮＯＡＡで働いていたドボラック（Dvorak）という人が1970年代に考え出した推定法、ドボラック法は、台風の強度を衛星から推定する上で大きな貢献を果たしました。彼は、台風の強度が、衛星から送られてくる雲画像に写し出された台風の中心付近の厚い雲の状態や渦巻き状の雲（スパイラルバンド）の形と長さなど、いくつかの特徴と関連付けられることを見出しました。

このドボラック法は、世界中の台風予報を行っている多くのセンターで今でも長年にわたり用いられています。なお米国では、航空機による台風の直接観測が戦後から現在にいたるまでずっと行われているので、現在に至るまでドボラック法の精度の検証が行われてきました。

またドボラック法だけでなく、衛星データから台風強度を推定する、より客観的な方法が提案され、そのいくつかは実際に予報に役立てられていますが、推定された台風の強さをしっかりと検証できる航空機の観測データを持っているのはきわめて重要なことです。

ところが、日本近海や北西太平洋では、たとえ衛星の観測データを用いたドボラック法による台風強度の推定ができても、台風が陸地に近づかない限り台風の実測データがないので、ドボラック法による台風強度の推定精度がどの程度なのかを確かめるすべがありません。これはとても残念なことです。

（3）優れたドボラック法にもいくつかの問題点が

さて、このドボラック法は、とても簡便で優れた方法なのですが、いくつかの問題点があります。まずこの方法は、直接台風の強度を求めるものではなく、ある強度指数を求めるものだということです。最大風速とこの強度指数の対応表は、別途観測データから作成され、その対応表から、最終的に最大風速が求められ、さらに中心示度が決められます。世界中には様々な熱帯低気圧が存在していることは前に述べました。それらの発生・発達機構は同じですが、育ちは異なります。ここで言う「育ち」とは、たとえば、海面水温だったり、水蒸気量だったり、あるいは鉛直シアと呼ばれる高さ方向の風の風速差だったりします。これらの環境は地域ごとに異なるので、最大風速と強度指数の対応表は、その地域によって変える必要があります。

実際に、ドボラックが米国付近のハリケーンの観測データに基づいて作成した対応表と、日本付近の北西太平洋での台風のデータに基づいて作成した表では、その数値が異なっています。さらに、同じ北西太平洋の台風であるにもかかわらず、日本の気象庁が用いている対応表と、米国のものとは異なります。すなわち、同じ北西太平洋で、同じ静止気象衛星のデータを使っていても、その対応表はセンターごとに異なっていますから、余計に複雑になってしまいます。また、この強度指数を求める方法が、主観的な要素もあるため、すべての観測者が同じ指数を求めることは難しいのです。

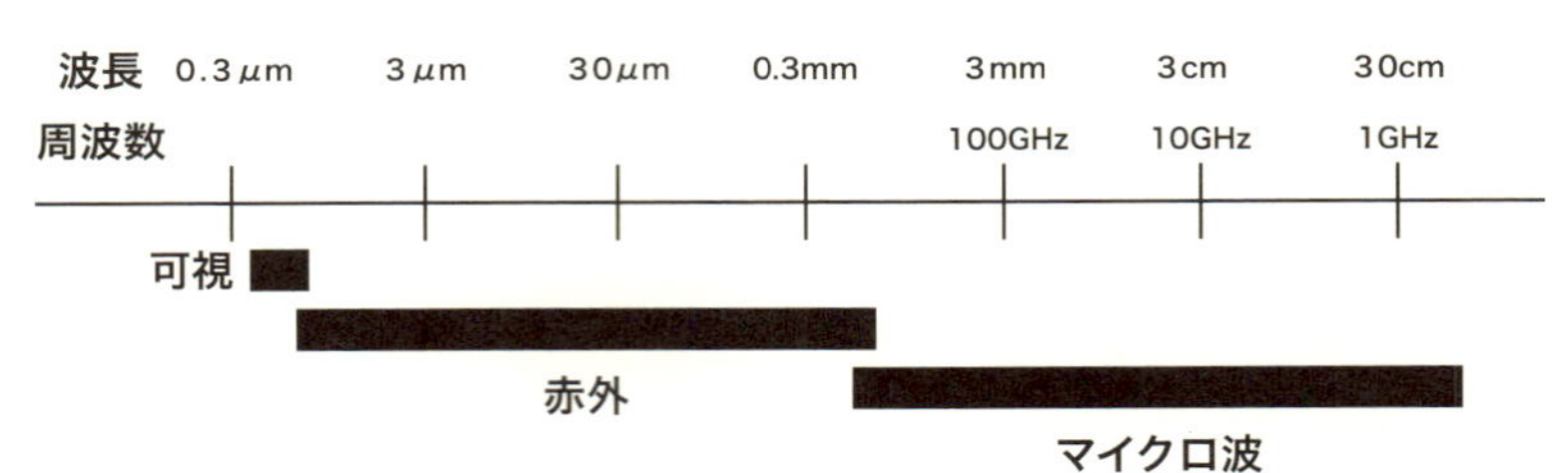

図3.1　地球観測に用いられる電磁波の波長・周波数

3.2　宇宙から台風を見る

（1）台風観測に利用される電磁波

まず、宇宙から台風を観測する際に、よく使われる電磁波の名前や波長について、簡単にご説明しましょう。図３・1を見ると、一番馴染みの深い、目に見える光の可視域は、０・４―０・７㎛の波長を持っていることがわかります。この可視光線は、プリズムで7色に分光されることは皆さんもご存知でしょう。

次の赤外域を用いると、静止気象衛星「ひまわり」の赤外画像などに見られるように、雲の温度が低いところに深い対流が起きていることを認識することができます。静止気象衛星「ひまわり」に搭載されている可視・赤外放射計は、台風の位置を決定するのにも大きな役割を果たしています。また、ドボラック法により、台風の強度決定も多くの現業機関で行われています。最後がマイクロ波です。台風観測には、静止気象衛星の他にも、地球を周回する極軌道衛星等が近年数多く利用されています。これらは主に、マイクロ波と呼ばれる、波長が1㎜～10㎝くらい（周波数では、３～３００GHzあたり）の微弱の電磁波を受け取ることで、あるいは衛星から直接電波を放射して戻って来る強さを測定することで、台風の物理量の推定を行っています。

表3.1 台風を観測する地球観測衛星レーダー

マイクロ波	観測原理、推定される物理量、センサー名（括弧は過去のセンサー）
放射計	微弱なマイクロ波を受信して以下のような**物理量**を推定
	降水量、水蒸気量、海上風速、海面温度、雲水量、海水塩分濃度
	SSMIS, GPM/GMI, AMSR2, WINDSAT*, （TMI, SSM/I, AMSR-E, AMSR）
散乱計	海面から戻ってくる電波の強さから**海上風**を推定
	ASCAT, （ERS-1,ERS-2, NSCAT, QuikSCAT, ISS-RapidSCAT）
降水レーダー	雨滴から戻ってくる電波の強さから**降水強度**を推定
	GPM/DPR, （TRMM/PR）
探査計	大気のマイクロ波放射から**気温**や**湿度**などの**鉛直分布**を推定
	AMSU, ATMS, （HSB） 注：赤外多チャンネルを使ったAIRSも有名
干渉計	海面から戻ってくる電波を合成して**海上風速**を推定
	SMOS, SMAP

＊WINDSATは、他の放射計と異なり、偏波情報を使って、風向も求めることができる

（2）様々なマイクロ波センサーの役割

では次に、マイクロ波センサーがどのように台風予報に役立てられているのかを見ていきましょう。

宇宙から台風をみるのに用いられる地球観測衛星搭載のセンサーの一覧を、表3・1にまとめてみました。マイクロ波放射計では、水蒸気量や降水量、海面水温、海上風速を求めることができます。降水レーダーでは、降水量の三次元分布を求めることができます。マイクロ波散乱計では、海上風（風速だけでなく、風向も）を求めることができます。そして、マイクロ波探査計では、気温や湿度などの鉛直分布を求めることができます。こうした様々なセンサーが、台風予測に重要な役割を果たしています。それでは順番に見ていきましょう。

①マイクロ波放射計

マイクロ波センサーには、海上風を求めることができるマイクロ波散乱計や大気の鉛直温度分布を求められるマイクロ波探査計など、様々なものがあり

ますが、それらのなかでも、台風の観測でマイクロ波放射計は最も重要な役割を果たしています。このセンサーから得られるデータによって、雨、水蒸気、雲水量、さらには海上風速などを推定することが可能です。マイクロ波放射計から得られるどのデータも、台風観測には極めて重要なものですが、しかしその精度について注意する必要があります。

したがって、直接観測可能な測定データがある場合には、その数値と比較するなどして、マイクロ波放射計から推定された物理量の精度を高めることが重要です。マイクロ波放射計の数ある周波数のうち、台風にとってとりわけ重要な周波数は、85-89GHzと35-37GHzのチャンネルです。前者はひょうやあられなど、活発な対流雲域の特定に、そして後者は下層雲や下層の水蒸気量の解析に利用されています。また、これらの画像を用いて、可視・赤外画像では判別が難しい台風の中心位置や強度の推定にも用いられています。

②二周波降水レーダー

全球降水観測計画（Global Precipitation Mission：ＧＰＭ）の主衛星には、二周波降水レーダー（ＤＰＲ）が搭載されています。この降水レーダーは、日本の情報通信研究機構（ＮＩＣＴ）と宇宙航空研究開発機構（ＪＡＸＡ）が共同で開発したものです。ＧＰＭの主衛星には、ＤＰＲと米国が開発したＧＭＩと呼ばれるマイクロ波放射計が搭載されており、その２つの同時観測により降水推定の高精度化を図っています。またそこで培われたノウハウを、他の副衛星に搭載されたマイクロ波放射計の降水推定の精度向上に役立てることで、３時間間隔の降水推定を全地球規模で実現しています。

ＤＰＲは、13・6GHzの周波数を使って雨を測るKu-PR（Ku帯の降水レーダー）と、35・5GHzの周波数を使ってより弱い雨や雪の強さも測るKa-PR（Ka帯の降水レーダー）の2台のレーダーを搭載していることが特長です。

ＧＰＭ主衛星センサーの一つ、Ku-PRで推定された台風周辺の降水の三次元分布をご覧ください（口絵4）。この図は、２０１６年9月19日9時に観測された台風第16号の降水分布です。台風の眼や壁雲、レインバンドがはっきりとわかります。通常の地上レーダーは、横方向に電波を出して戻ってくる信号の強さから、降水雲までの距離や降水強度などを求めています。すなわち、雨滴の大きさが大きいほどレーダーに戻ってくる信号の強さが強くなる（雨滴の直径の6乗に比例）ので、このことを利用して雨の強さを求めているわけです。1回の走査で、輪切りの降水雲の断面を観測できますが、レーダーの高さを変えることで、降水雲の三次元構造を知ることができます。

一方、宇宙から地球に向けて電波を出すと、降水雲の真上を通った場合、1回の走査で三次元構造をいっぺんに見ることができます。ただ、地上レーダーでは、ずっとレーダーを回すことによって、降水雲の時間的な変化やその一生を見ることができますが、宇宙からのレーダーでは、ある一瞬の降水雲の三次元分布をとらえることしかできず、時間変化を追うことができないのが残念なところです。

言うまでもなく、降水量の推定は、時間的にも空間的にもその変動がとても大きいために、きわめて難しいものです。しかし、降水量を正確に推定することができれば、それは台風を予測するための非常に重要な情報をもたらしてくれます。なぜなら降水量は、大気中に放出された潜熱の総量に等しいからです。降水量が大きければ大きいほど、台風の暖気核がより暖められていることを意味しているので、台風の中心気圧が低く、強度が強いことになります。

ＧＰＭでは、ユニークなデータが公開されています。一つは、潜熱加熱のデータです。台風にとって、非常に重要な役割を果たしている潜熱加熱がＴＲＭＭ（熱帯降雨観測衛星）やＧＰＭのレーダーのデータから見積もれるわけです。これはＳＬＨ（Spectral Latent Heating, スペクトル潜熱加熱）というデータで、東京大学の高薮縁博士や京都大学の重尚一博士らが中心となって開発しました。

もう一つは、全球の降雨量を1時間間隔でリアルタイムに求めていこうというもので、GSMaP＊02（Global Satellite Mapping of Precipitation, 衛星全球降水マップ）と呼ばれています。こちらは、ＴＲＭＭ計画の推進に尽力された、岡本謙一博士の主導により実現したものです。

③マイクロ波散乱計

マイクロ波散乱計からは、海上風を求めることが可能です。このセンサーは、能動型といって、衛星のセンサーから直接マイクロ波を放射し、海上のさざ波（波長1センチ程度）から散乱されて帰ってくる電磁波を観測することで、海上風を求めるものです。いくつかの異なる向きのアンテナを使うことで、風速だけでなく、風向も推定できる特徴を持っています。

まずは、風速がどのように求められるかについてご説明しましょう。図３・２にはいくつかの海面の状態により、異なって戻ってくる散乱強度（後方散乱強度）の様子が示されています。一番上の図は、風が吹いておらず、海がなぎの状態ですが、下にいくにつれて、風が強くなり、さざ波の波高も大きくなっている状態を示しています。衛星からマイクロ波が放射されて海面に当たった場合、海がなぎのと

＊02　http://sharaku.eorc.jaxa.jp/GSMaP/index_j.htm

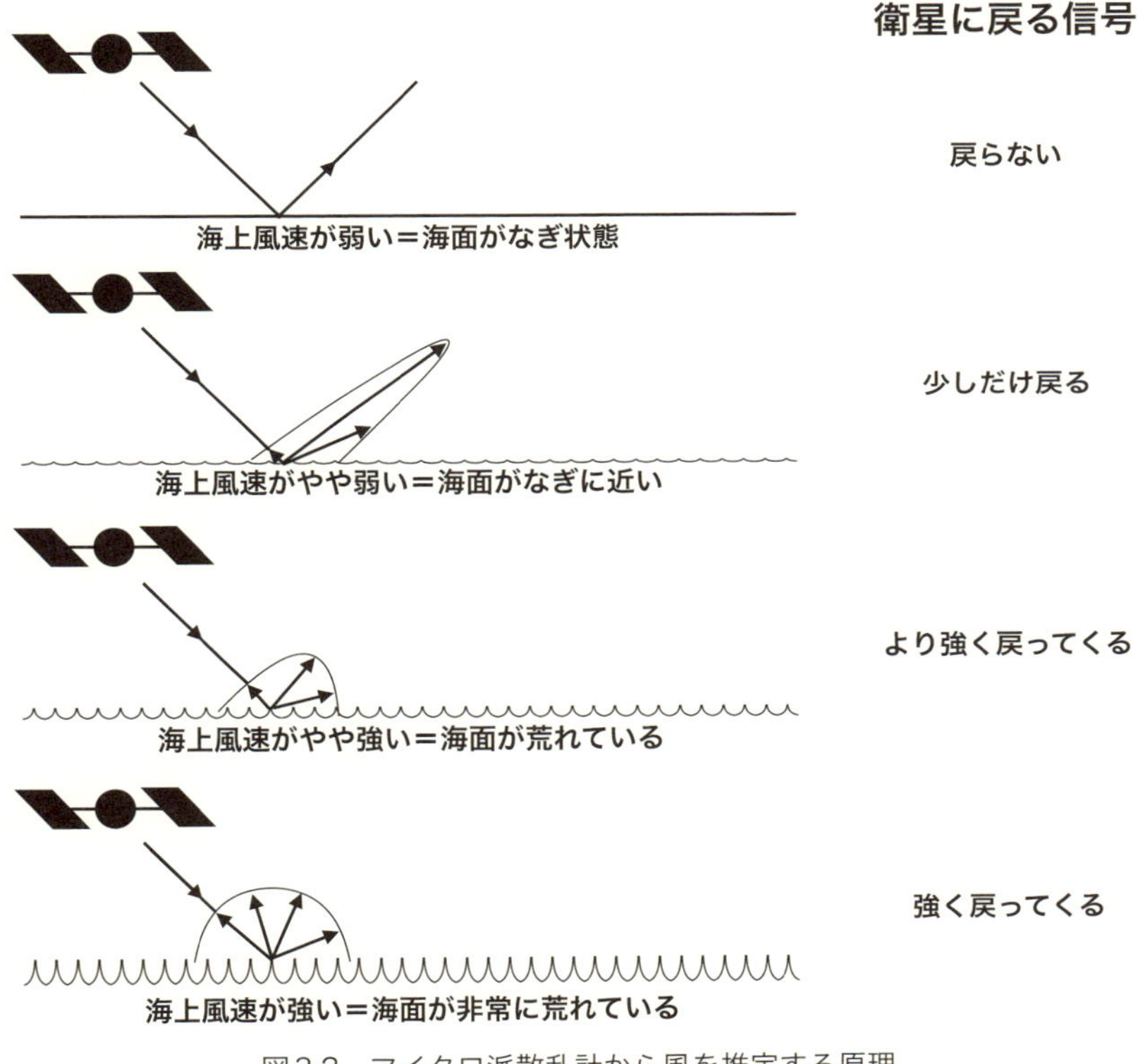

図3.2　マイクロ派散乱計から風を推定する原理

き（一番上の図）には、鏡のように反射して、衛星に戻る電波はありません。しかし、風が強まるにつれて、さざ波の波高が高くなるので、衛星に面している波面も大きくなり、衛星に戻る電波が強くなっていきます。したがって、

　海上風速が大きくなる→さざ波の波高が高くなる→衛星に戻る電波が強くなる

ということになります。

　それでは、風向はどのようにして求められるのでしょうか。話を単純化するために、海上では西風（西から東に吹く風）がどこでも一様に吹いていると仮定しましょ

う。このような場合、さざ波は、風の向きと直角に（南北に長く峰と谷が交互に続く）立ちます。風の向きと同じ方向（順、逆両方）に、海面に向かって電波が放射されると、電波が来た方向に一番強く電波が戻って来ることになります。一方、風の向きに直交する方向（北、あるいは南）に電波が放射されると、あまり電波が戻ってこないことになります。したがって、いくつかの異なる向きに電波を出して、一番強い電波が戻ってくる方向は西あるいは東向きになるはずですし、北あるいは南向きのアンテナには弱い電波しか戻ってこないことになるはずです。このようにして、風速と風向を求めることができるわけです。

　ただこの方法の欠点は、ある程度以上に風が吹いていないと海上では波がたたず、散乱波が戻ってこないために海上風を求めることはできません。また、風の向きと同じ方向、あるいは逆向きの方向のいずれからも、同程度の強さの電波が戻って来るため、風向を一意に決めることができず、別のデータの助けを借りることが必要です。

　口絵５は、衛星センサーから得られた台風の海上風のケースで、２０１７年10月の台風第21号(Lan)の衛星画像です。４つの図を順番に説明しましょう。

　上の２つは、左側が可視・赤外放射計ＶＩＩＲＳの可視画像、右側が、高性能マイクロ波放射計ＡＭＳＲ２の89GHzの水平偏波画像です。可視画像には、台風の眼とそれを取り巻く厚い雲がはっきり見えます。一方マイクロ波は、ひょうやあられなど、氷の量が多いと強い信号が返ってくるので、右側の図の赤いところは、たいへん対流活動が活発であることが見て取れます。したがって、中心付近の赤いドーナツ状のところは、眼の壁雲に対応している場所になるわけです。また青いところは海面です。

下の図は、どちらもマイクロ波散乱計のデータですが、左側がＡＳＣＡＴの海上風、右側がＳＣＡＴＳＡＴの海上風速です。まず左側のＡＳＣＡＴの図ですが、たくさんの矢羽根が写っています。緑色の矢羽根は風速が17m/sから25m/sの強風域です。中心付近に黄色の矢羽根が見えますが、ここは25m/s以上の風が吹いている暴風域です。暴風域は、台風の中心付近から東に伸び、そして、渦巻き状に南西に伸びていることがわかります。このような暴風域の分布は、他の３つの海上風速の図にもほぼ共通して見られます。右のＳＣＡＴＳＡＴの図の赤い色は、20m/s以上の風のところですが、やはり渦巻き状になっていることがわかります。このように、マイクロ波散乱計のデータから海上風速を推定することができるようになるなど、マイクロ波散乱計のデータは、台風の強風域や暴風域を決めるための大事なものとなっています。

２０１６年12月、米国航空宇宙局（ＮＡＳＡ）は、ＣＹＧＮＳＳと呼ばれる新しいマイクロ波センサーを打ち上げました。このセンサーでは、マイクロ波散乱計と同じく、海上風のデータを求めることができます。ただ違う点は、マイクロ波散乱計が電波を自ら出してそして受信するのに対し、ＣＹＧＮＳＳは、ＧＰＳ衛星から発せられた電波のうち、海面で散乱されたものを受信して海面風速を求めているところです。発信を自分でせずに、ＧＰＳ衛星に任せたことで、小型軽量化を図ることができました。全部で8機の小型衛星によって、高頻度に海上風を得ることができるよう設計されています。また、この衛星により、台風の中心付近の強風域の詳しい情報が得られるようになることも期待されています。

④マイクロ波探査計

マイクロ波探査計では、大気の鉛直温度分布を推定できます。この点については、すでに図1・5で、台風の中心付近の暖気核についての結果を示しました。では、どうして気温分布を推定できるのでしょうか。それを理解するには、まず放射伝達の積分方程式を理解する必要があるのですが、ここでは数式を使わずにご説明してみましょう。

衛星が受信する電波の強さ（放射強度）は、地表面から来る電波（途中の大気で減衰する）と、大気のあらゆる高度から衛星まで到達する電波の強さを足し合わせた（積分した）ものとなります。ここで注意すべき点は、気体ごとに、電波が大気中を減衰することなく透過できたり、あるいは大きく減衰して透過できなかったりする特定の周波数帯（吸収帯）があるということです。したがって、こうした特別な周波数帯をうまく使うのがポイントとなります。

たとえば、マイクロ波の場合には、酸素の吸収帯がある50〜57GHz（波長約5㎜）が選ばれますし、赤外波長では、15μや4・3μの二酸化炭素の強い吸収帯が使われます。これらの周波数帯が選ばれるのは、一つには、高度90㎞付近まで非常によく一様に混合しているため、この波長域から射出される電波の強さは大気の温度分布だけで決まると考えてよいと考えられるからです。また、強い吸収帯が狭い帯域に存在しているので、ほんの少しだけ周波数を変えるだけで、地面付近から衛星高度まで様々な高度からの情報を得ることができるのもその理由となっています。たとえばAMSU-Aの場合、チャンネル3の50・3GHzは、あまり減衰を受けずに大気下層からの情報を得られるので、大気下層の気温を求めるのに適しています。しかしチャンネル14の57・29GHzは、減衰が強いので、大気下層の情報は衛星まで届きません。したがって、チャンネル14は大気上層の気温を推定するのに適しているわけです。

このように、周波数が少しずつ変わる（大気による減衰が少しずつ異なる）数チャンネル（少しずつ、強く応答する高度が異なる）のデータを使うことで、高度別の気温を推定することができます。気温がわかると、暖気核の大きさを見積もることもできるので、ここから中心気圧を推定することができます。

２０１３年台風第７号（Soulik）の例で見てみましょう。図３・３は、ＡＭＳＵ-Ａから推定された中心気圧（●）、ドボラック法で求められた中心気圧（Ｘ）、そして、気象庁が決定した中心気圧（実線、ベストトラック）の時系列が示されています。この台風は、与那国島の近くを通過したので、推定値を検証することができました。☆印、９４８hPaがその観測値です。このとき、ドボラック法ではやや弱めに推定していますが、マイクロ波探査計ＡＭＳＵ-Ａは精度よく中心気圧を推定できていることがわかります。図の下側に、実際に観測された台風の暖気核の構造が示されています。この図は、チャンネル７のもので、およそ２５０hPa面（高度10㎞あたり）に相当しています。右の図は、左の図に比べて、およそ11時間後のものですが、暖気核が強まっていることも見て取れます。

⑤マイクロ波干渉計

ＳＭＯＳ（Soil Moisture Ocean Salinity，土壌水分・海洋塩分観測衛星）*03やＳＭＡＰ（Soil Moisture Active/Passive，土壌水分観測能動型受動型衛星）*04は、本来は土壌水分や海洋塩分を測るためのセンサーですが、海上風速も求めることができます。これらのセンサーは、合成開口レーダーと言って、主に１ＧHz帯（Ｌ帯）の周波数のマイクロ波を複数のアンテナから、あるいは移動しながら放射す

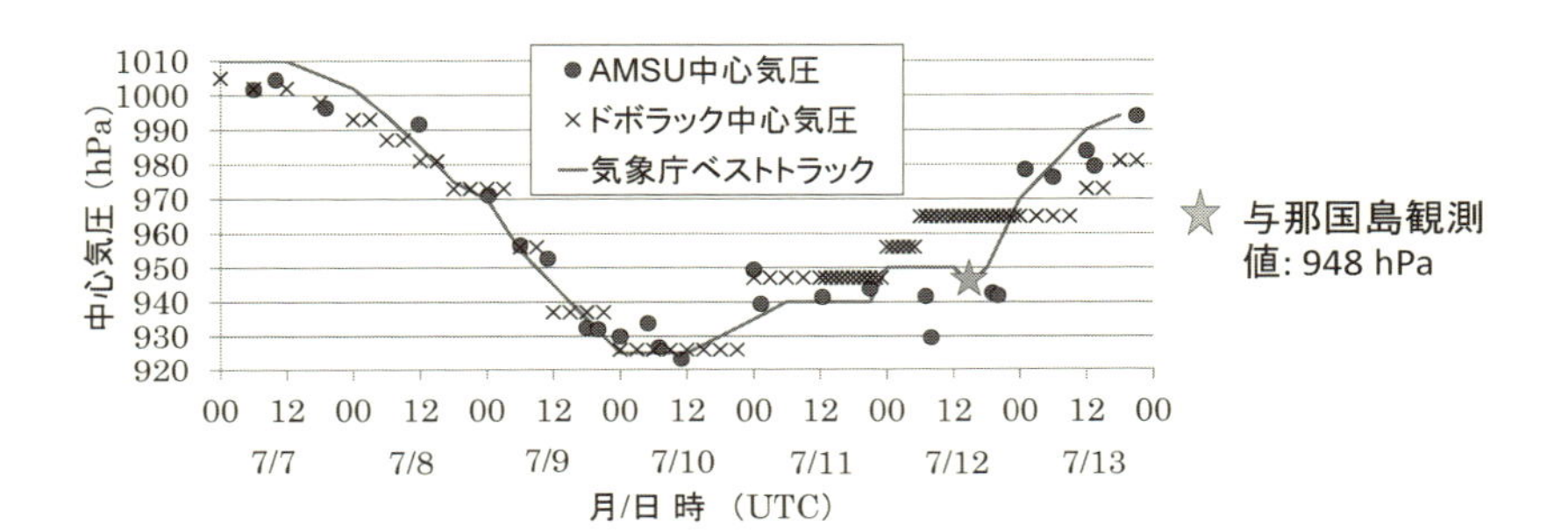

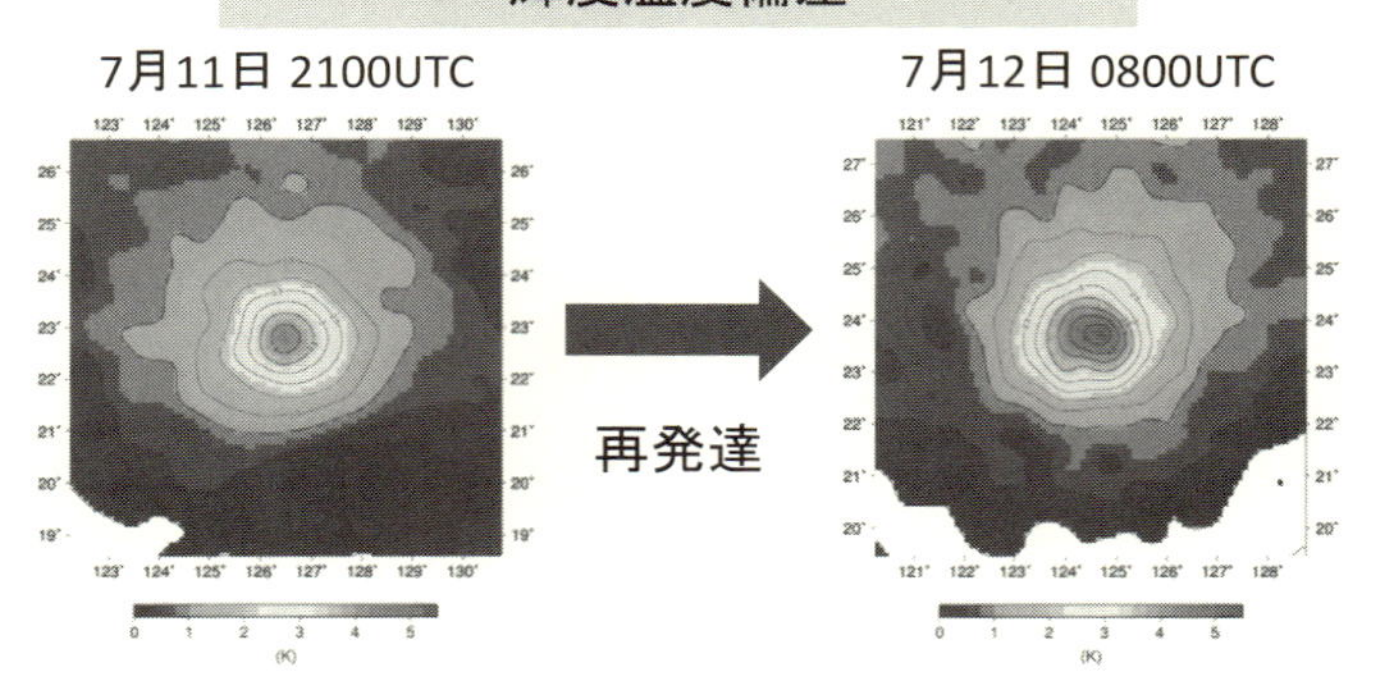

図3.3　AMSU-A から推定された中心気圧の時系列と、暖気核の構造

ることにより、空間分解能をあげて、海面からの反射強度が海上風速と比例関係にあることを利用して海上風速を推定するものです。天候に左右されずに観測が行えることが大きな利点です。どちらの衛星も運用中（２０１８年４月現在）ですが、ＳＭＡＰのレーダー機能は２０１５年７月に停止しています。

＊03　http://www.smosstorm.org/
＊04　https://smap.jpl.nasa.gov/

コラム12　ひまわり8号　——世界最先端の観測機能搭載——

１９７７年にひまわり1号が打ち上げられた結果、北西太平洋でも、静止気象衛星のデータが手に入るようになりました。その当時私は、このことにとても興奮したことを覚えています。

その頃は、画像を見ることがそれほど簡単ではなく、よく東京の清瀬市にある気象衛星センターに行って、そのデータを解析しました。一つの観測データを読みたいとすると、カードにタイプライターで読むためのプログラムを打ち込み、衛星データが収録された磁気テープ（１観測が1本で１５０ＭＢほどのデータが入っている）と一緒にオペレータに渡します。オペレータは、その磁気テープを装置に装着し、プログラムを読み込み機にかけ、計算が始まります。計算が終わると、結果が紙に出力され、私のところに戻ってくるという、そんな手順でした。

たとえば、1日分のデータを全部処理したいとします。そうすると、その当時は3時間間隔のデータでしたから、8本の磁気テープを用意しなければなりません。たとえば、1本の磁気テープを全部読み込むのに5分かかるとすれば、すべてのデータを読み込むのに40分もかかったことになります。その当時はそれでも、静止気象衛星のデータに触れることができるということでワクワクしたものです。

それでは現在運用中のひまわり8号は、どれほど進化しているのでしょう。２０１４年10月に打ち上げられ、２０１５年7月から運用が開始されたひまわり8号は、画期的な可視・赤外放射計ＡＨＩ（Advanced Himawari Imager）を搭載しています。欧米に先駆けて運用が開始された最先端のこの測器の特長をあげると、以下のとおりになります。

①水平分解能が倍増：これまで赤外４㎞、可視１㎞だったものが、それぞれ２㎞、０・５-１㎞となった。

②全球観測時間の短縮：これまで全球を撮像するのに30分かかっていたが、10分になった。
③高頻度観測：日本付近を常時2・5分ごとに撮像可能。急発達する積乱雲の監視などに活躍。
④バンド数の増加：これまで可視1バンド、赤外4バンド、計5つだったが、それぞれ、3バンド、10バンドとなり、さらに、近赤外3バンドの計16に増加。このことで、霧や海氷、火山噴火の判別などが明瞭に行えるようになった。
ひまわり8号の上記の機能は、2016年11月に打ち上げられ、2022年から2029年まで観測を行うであろう、現在待機衛星であるひまわり9号にも引き継がれています。

3.3 航空機から台風を測る

前節では、「宇宙から台風を見る」というテーマで、地球観測衛星や静止気象衛星などから台風をどのように観測できるのかについて説明しました。本節では、もっと直接的に、しかも精度よく台風を観測する手段である、航空機による台風観測について述べてみます。なお、2017年、2018年と2年続けて、日本で初めて台風の眼に入って観測を行った名古屋大学の坪木和久教授の研究グループの話をコラム13に載せましたので、ぜひお読みください。

（1）メイン測器　ドロップゾンデ

まずは、ドロップゾンデ（dropsonde）について説明しましょう。ドロップゾンデとは、「ドロップ（落とす）」という名の通り、観測機器（ゾンデ）を航空機から落下させて、大気の状態（気温、湿度、風〔GPSを使って図る〕）を観測する装置のことです。パラシュートをつけてゆっくり落とすものもありますが、名古屋大学が用いた明星電気のものは、新開発のパラシュートなしのドロップゾンデでした（図３・４）。直径は７cm、長さ28cm、重さ１１０ｇで、砲弾のような形をしており、先の尖った部分を上にして落ちていきます。通常ドロップゾンデは海の上空で落とすので、回収はできません。また、海に落ちたら自然と溶ける素材を使っているので、環境にも優しく作られています。

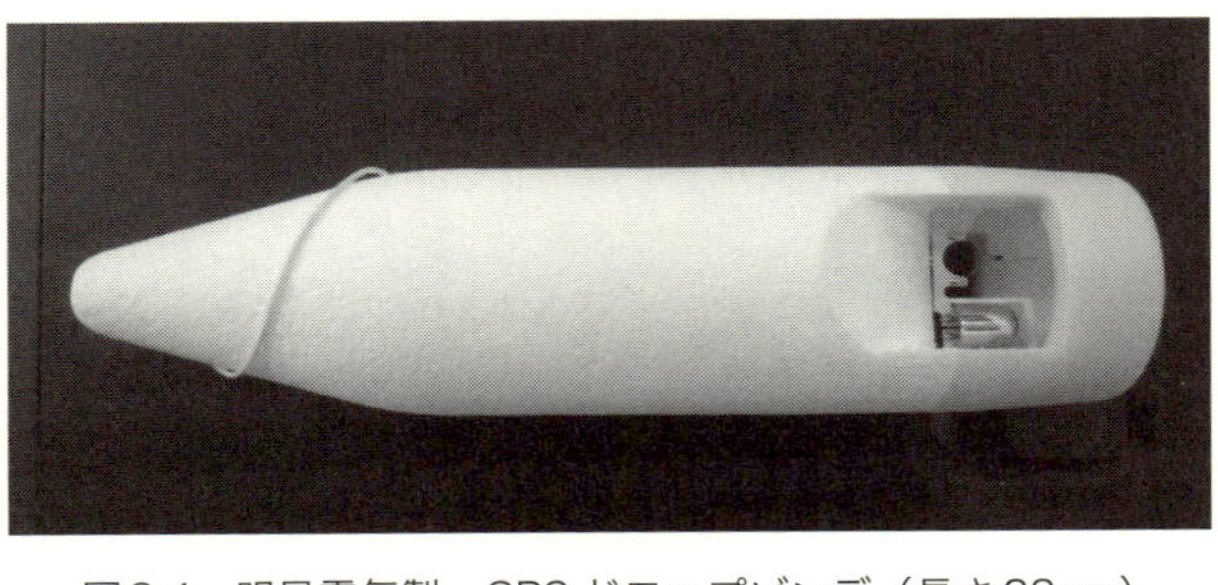

図3.4　明星電気製　GPS ドロップゾンデ（長さ28cm）

（2）台風観測の2つの方法

さて、航空機による台風観測ですが、大きく分けて２つの方法があります。一つは、台風の眼の中に入る貫通観測です。そしてもう一つは、台風の周辺を回って観測する周回観測です。前者は、台風の眼にドロップゾンデを落としたり、海面近くまで下降して、海面状態を目視したりすることで、中心気圧、最大風速など、台風の強度と関係した重要な情報を主に観測するものです。一方後者は、台風の眼の中には入りませんが、台風の周辺域でドロップゾンデを落とすことで、台風の周りの風の場をきちんと観測し、そこから台風を流す風、指向流を測定できるので、台風の進路予測に役立てることができます。

コラム13　台風の眼に入った日本で初めての航空機

名古屋大学を中心とする研究グループは、2017年10月に、日本で初めて台風第21号「ラン（Lan）」の眼の中に入り、ドロップゾンデを投下して観測することに成功しました。坪木和久名古屋大学教授を研究代表者とするこの研究グループは、研究課題を「豪雨と暴風をもたらす台風の力学的・熱力学的・雲物理学的構造の量的解析」とし、2016年度から5年計画でその研究を進めました。

この研究は、航空機を用いて、台風を直接観測することにより、最大風速や中心気圧といった台風強度の精度を高め、物理過程を改良した数値モデルに航空機の観測データを取り入れて、進路や強度の予測改善をめざすというものです。なお、データをモデルに取り込むことを〝同化〟と呼びます。

この台風観測実験の英語名は「T-PARCⅡ」。2008年に行われた国際観測実験T-PARCを引き継ぐものなので、名前の中の「Ⅱ」は、「T-PARCの第2弾」という意味合いもありますが、強度予測に焦点を当てているので、「Improvement of Intensity estimates/forecasts（台風強度の推定・予報改善）」の「Improvement」と「Intensity」の頭文字をとって「Ⅱ」と名づけられました。

プロジェクトが始まって最初の観測で台風の眼の中に入り、日本としては初めてドロップゾンデ（測定器）を投下して、詳細な観測を行うことができた快挙に、本当に驚かされました。聞くところによれば、最初の計画では台風の

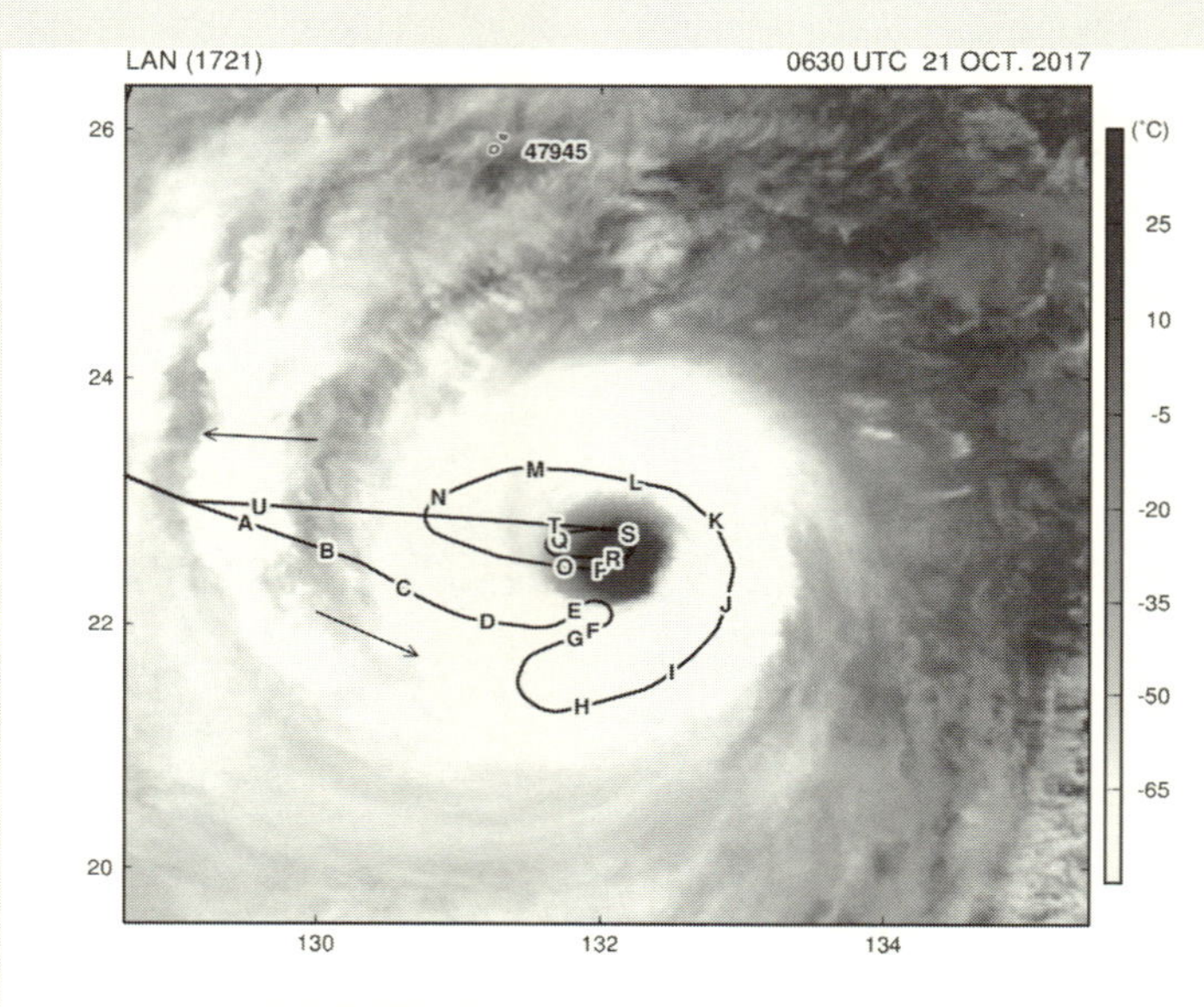

図C13.1　2017年台風第21号ラン（Lan）の貫通飛行経路（上）と台風の眼と壁雲の様子（下）（山田広幸・琉球大学准教授提供）

眼に入ることは想定していなかったそうです。しかし、台風の中心に近づいてみると、高さ16キロメートルもある丸い壁雲のなかに対流活動があまり活発でない箇所を見つけ、パイロットのすぐ後ろにいた琉球大学の山田広幸准教授がパイロットにも確認して、眼の中に入ることを決めたそうです。

この観測で用いられた航空機はガルフストリームII（G-II）と呼ばれるジェット機です。この時のジェット機の飛行高度は13・8キロメートル。この高度を飛べる飛行機だったからこそ、台風の眼に入れたと言えるでしょう。パイロット2名の他に、坪木教授、山田准教授のほか、7名が乗り込みました。落としたドロップゾンデは10月21日が21個、翌日22日にも再び眼の中で5個を落としているので、全部で26個を落とした計算になります。21日の航空機の台風中心付近での軌跡と、ドロップゾンデの投下位置、そして眼の中で山田准教授が撮影した写真を図C13・1に示します。

プロジェクトチームは、2018年9月にも台風第24号「チャーミー（Trami）」の眼の中に入ることに成功し、同様にドロップゾンデを落として台風中心付近の温度構造、力学構造を明らかにすることができました。

このプロジェクトチームでは、2020年に米国、韓国、台湾などと国際共同観測計画の実施を予定しており、さらなる研究の進展が期待されています。

（3）アメリカや東アジア諸国で進む航空機による台風観測

表3・2に、世界各国が保有・運用する台風観測用航空機と搭載測器のリストを示します。この表からは、アメリカがもっとも進んだ台風観測用の航空機を多数保有していることが一目瞭然です。特に際

表3.2　世界の台風観測用航空機

機関 航空機（機数）	写真	搭載機器	ホームページ
米国　NOAA P-3（2）		ドロップゾンデ、ドップラーレーダー、SFMR	https://www.omao.noaa.gov/learn/aircraft-operations/about/hurricane-hunters
米国　NOAA G-IV（1）		ドロップゾンデ、ドップラーレーダー	https://www.omao.noaa.gov/learn/aircraft-operations/about/hurricane-hunters
米国　NASA WB-57（3）		ハリケーンイメージング放射計、マイクロ波降水放射計	https://jsc-aircraft-ops.jsc.nasa.gov/wb57/
米国　NASA DC-8（1）	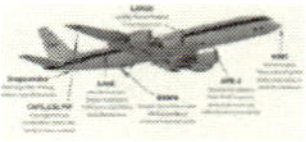	ドロップゾンデ、ドップラー風ライダー、二周波降雨レーダー	https://airbornescience.nasa.gov/
米国　NASA Global Hawk（2）	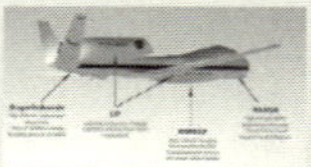	ドロップゾンデ、風・雨プロファイラ、マイクロ波探査計	https://airbornescience.nasa.gov/
米国　Hurricane Hunter WC-130J（10）		ドロップゾンデ	http://www.hurricanehunters.com/
台湾　DOTSTAR ASTRA（1）		ドロップゾンデ	http://typhoon.as.ntu.edu.tw/DOTSTAR/en/
香港天文台 Challenger 605（1）		ドロップゾンデ	
韓国　国立気象科学院Kingair 350HW（1）		ドロップゾンデ、放射計、SFMR	

立っているものとして、Global HawkとWB-57があります。どちらも高度20㎞という高高度を飛行できることから、台風の風の影響を全く受けることなく観測を行えるという利点があります。

前者は、無人偵察機としてよく知られています。すでに北大西洋では、ハリケーンの観測に用いられています。後者は有人航空機で、研究用の測器を搭載して、台風の観測を行っています。その観測測器の一例として、ハリケーンイメージング放射計HIRAD（海面風速や降雨強度を測定）や高性能マイクロ波降水放射計AMPRなどがあげられます（表3・2）。

アメリカでは、NOAAが現業観測を、NASAが主に研究観測を行ってきています。すなわち、NOAAは確立された技術を用いて観測を行っているのに対して、NASAは、新しい技術開発、ブレイクスルーとなる測器開発などを行っています。

アメリカは、台風観測用の航空機を多数保有していることに関連して、航空機、衛星、数値モデルを統合した、台風研究の分野でも抜きん出ており、航空機搭載センサーの開発でも世界のトップであることは間違いありません。

また表3・2を見ると、アジア地域では、台湾や韓国、香港などが航空機による台風の観測を行っていることがわかります。搭載されている測器を見ると、ドロップゾンデはどの航空機にもほぼ共通して搭載されていますが、それらが何チャンネルの受信システムなのかも重要です。

ドロップゾンデは、たとえば、15m/sで落下していくとすると、高度6㎞から落とした場合、海面に達するまでにおよそ6分ほどかかります。もしシステムが1チャンネルだけだと、この6分の間に次のゾンデを落とせません。なぜなら、この間1個のゾンデのデータしか受けられないからです。しかし2

チャンネルあれば3分ごとに、4チャンネルあれば1分半ごとに複数のゾンデを連続して落とすことができます。そしてそれぞれの電波を受けながら観測を行うことができるので、より詳細に台風周辺の観測を行えるわけです。

海面の白い泡から放射されるマイクロ波を、6つの異なる波長で受信して海上風速を推定するSFMR（Stepped Frequency Microwave Radiometer, ステップ周波数マイクロ波放射計）も、いくつかの航空機に搭載されています。この装置を使って、台風の眼の壁雲の最大風速や、中心付近の降水強度が求められます。ただし、この装置から得られるのは、航空機の飛行経路直下での値のみです。

コラム14　エアロクリッパー（Aeroclipper）

エアロクリッパー*05は、フランスの気象力学研究所（Laboratoire de météorologie dynamique-ENS）が開発した観測装置です（写真参照）。気球からケーブルを海におろし、先端に海洋観測機器を、ケーブルの途中に気象観測機器を搭載して、大気海洋相互作用について研究することを目的としています。

この気球は、大気下層の風に流され移動しますから、うまく台風の周りの風に取り込まれれば、台風の中にまで行くことが可能となります。実際、南半球の台風の中にまで入ったこともありました。しかし残念ながら、そのときは

＊05　https://journals.ametsoc.org/doi/pdf/10.1175/2008BAMS2500.1

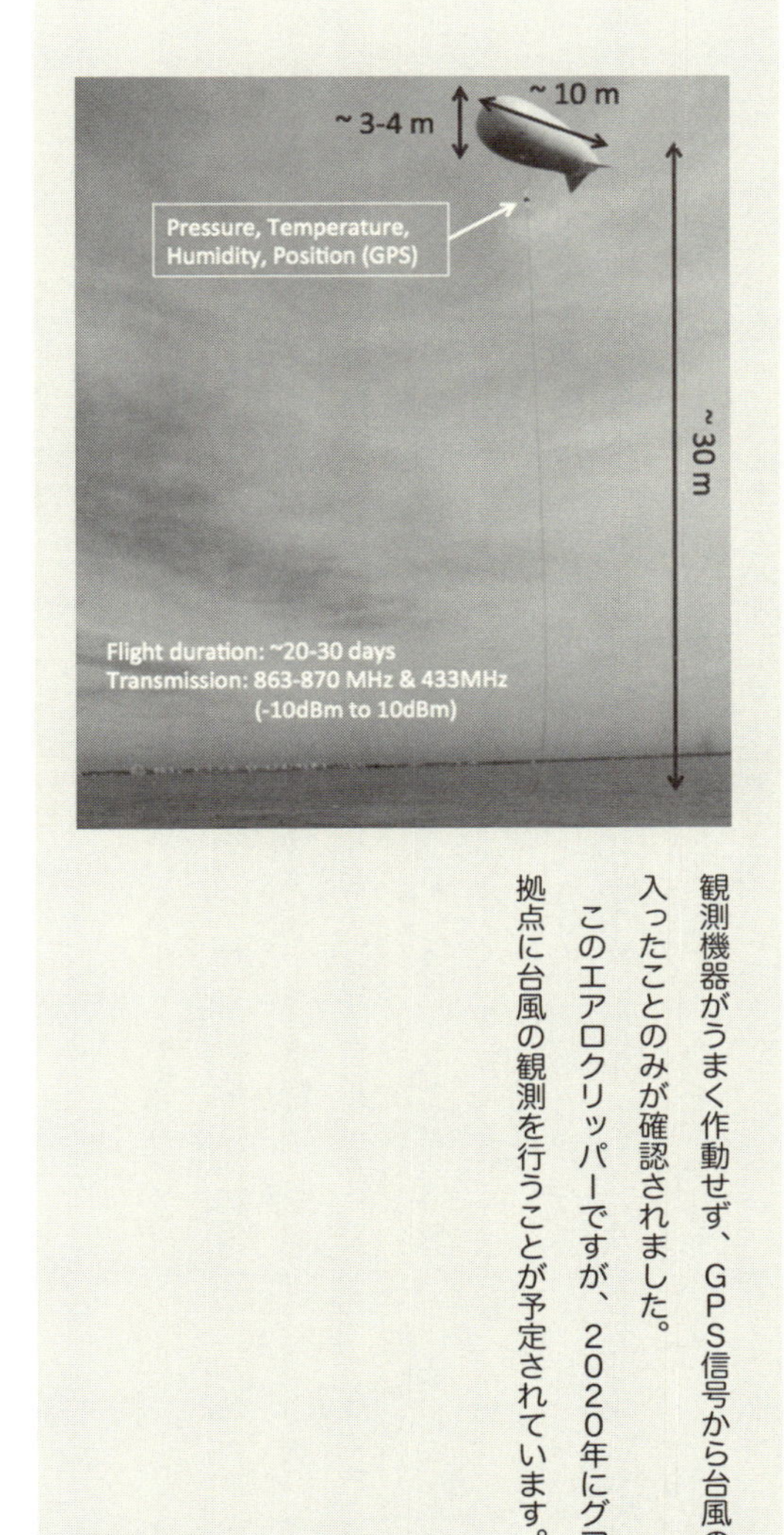

観測機器がうまく作動せず、ＧＰＳ信号から台風の中に入ったことのみが確認されました。

このエアロクリッパーですが、２０２０年にグアムを拠点に台風の観測を行うことが予定されています。

まとめ

第3章では、台風の測定方法を中心にお話ししました。航空機からのドロップゾンデ観測、マイクロ波センサーを用いたさまざまな観測や、衛星からの観測、そして航空機からのドロップゾンデ観測について学んでいただきました。次の第4章では、こうして集められたデータをもとに行われる「台風の予測」についてお話ししていきましょう。

第4章

台風を予報する

本章では、台風が将来どのように変化していくのかを予測する、台風の予報について、その基本を解説していきます。

近年、台風の発生や発達予測は格段に進歩しています。発生から1ヵ月先の予報も不可能ではありません。その理由としては、メソスケールの力学についての私たちの知見が進んできていることや、計算機の高速化、大容量化の進展や、膨大な衛星データを数値予報モデルにうまく取り込む技術（データ同化技術と呼びます）が急速に進歩してきていることなどがあげられます。また、数値予報モデルそのものがメソスケールの力学を含む形で精緻化されてきていることなども理由の一つとしてあげられます。さらに、少しずつ異なる初期値から出発して、いくつもの予報を行う「アンサンブル予報」が可能となり、予報の確からしさを示す確率予報が進歩してきていることも大きな要因と考えられます。

4.1 台風をどうやって再現したり、予報したりするのか？

（1）台風を予測するにはスーパーコンピューターでどうやって計算？

そもそも台風の発生を予測したり、発達を予報するのには、どのような方法で行われているのでしょうか。ここで詳しくその計算方法を述べることはしませんが、本節では、その大まかな流れについてご説明していきます。

まず台風の予測について、スーパーコンピューターを用いてどのような計算を行うのでしょうか。それは、

- 大気の運動方程式（ニュートンの運動第二法則）
- 静力学平衡の式（大気圧の式）
- 気体の状態方程式（ボイル・シャルルの法則）
- 大気の連続の式（空気の質量保存則）
- 熱力学方程式（気温の時間変化の式）
- 水蒸気の輸送方程式（水蒸気保存則）

などの物理法則に則った微分方程式群を解くことで、地球全体の天気予報を行ったり、あるいは、日本付近だけの天気予報を行うなどしています。

台風は、その天気予報の中の一構成要素であり、その天気予報を使って台風の発達や進路を予測しています。たとえば、日本に近づいている台風がある一方で、日照りで雨が全く降らない中国大陸や、洪

水に見舞われている米国などがあるわけですが、こうした世界各地での異なる天候が、スーパーコンピューターによって予報されています。そこで利用されている数式の一つひとつの意味にまで立ち入ることはしませんが、ここでは運動方程式と熱力学方程式について簡単に解説したいと思います。

(2) 格子ごとに、風や気温の時間変化率を計算

まず運動方程式ですが、この方程式では、地球の大気を水平方向と高さ方向に賽の目のように細かく区切り、その一つひとつの格子ごとの風の変化を予報します。風の変化率とは、加速度のことですから、これに空気の質量がかかると、力になります。風の変化率に影響を与える力には、次のようなものがあります。

- 隣や上下の格子からの移流
- コリオリ力
- 気圧傾度力
- 摩擦力

これらの項を計算し、合計した結果として、風の変化率が求められます。

また、熱力学方程式（気温の式）は、同様に、気温の変化率を求めるために使います。その気温の変化率は、隣や上下の格子からの移流と、台風予報に極めて重要な役割を果たす潜熱加熱の二項から成り立っています。

(3) 最初の風や気温の値と時間変化率から将来(次の時刻)の値がわかる!

ここでは、重要な点を2つだけ述べておきます。1点目は、それぞれの項を計算して足し合わせることによって、風や気温の時間変化を求めることができるということです。つまり、計算を始める前に、風や気温の値(初期値)がわかっていれば、各項から計算された時間変化分を足すことで、将来の(次の時刻における)風や気温の値を求めることができます。ですから、将来の風とか気温とかを予測することが可能なわけです。

2点目は、気温の式の潜熱加熱の重要性です。台風にとっては、特にこの潜熱加熱がエネルギー源として大事なことは第1章でも触れてきました。潜熱加熱は、積雲対流の結果なので、積雲対流の効果をどのように計算しているのかによって、台風の予報は大きく影響を受けることになります。

4.2 台風はどこまで精度よく予報できているのか―進路予報

台風の予報には、台風が今後どちらに進んでいくのかという進路予報と、台風が今後その勢力をどのくらい強めていく(弱めていく)のかという強度予報の2つがあります。両者は密接に関連していますが、ここでは便宜上分けて考えることにします。ちなみに、なぜこの2つが密接に関連しているかというと、たとえば「台風が上陸する」「海面水温の高い領域を通る」など、台風の進路によってその強度が大きく影響を受けるからです。

(1) 台風の進路予報

では、進路予報の現状からまずは見ていきましょう。

台風は、大きくは台風を取り巻く周囲の風によって流されて移動します。このような流れを「指向流」と呼んでいます。気象庁での数値予報が始まったのは1959年のこと。ちょうど伊勢湾台風が来た年でした。伊勢湾台風は、これまで日本を襲った中で、最も多大な犠牲者（死者・行方不明者合わせて5096名）を出した台風です。

当時の日本は、台風の数値予報では先進国でした。この頃の台風の進路予報は、台風を直接天気図上に表現することができず、グアム島から飛び立った米軍の航空機によって観測された台風の位置と強さに基づいて、大気の流れを表現した天気図に台風を重ね合わせて台風の移動を予報する、指向流法という方法でした。当時は、500hPaと700hPa面を台風が流される高度（指向高度）として用い、実際の台風の移動速度と、この2つの高度面の風データとを比較して、指向流を決め、主として24時間先までの進路予報が行われました。

(2) 伊勢湾台風の進路予報

図4・1は、数値計算による台風予報が始まった1959年に、伊勢湾台風の進路を予報したものです。現在では、テレビなどで見る予想天気図をスーパーコンピュータで直接計算できるようになっていますから、台風を直接天気図上に表現できるようになっていますが、当時はまだ、台風を数値予報モデルで作り出すことやそれを表現することができませんでした。

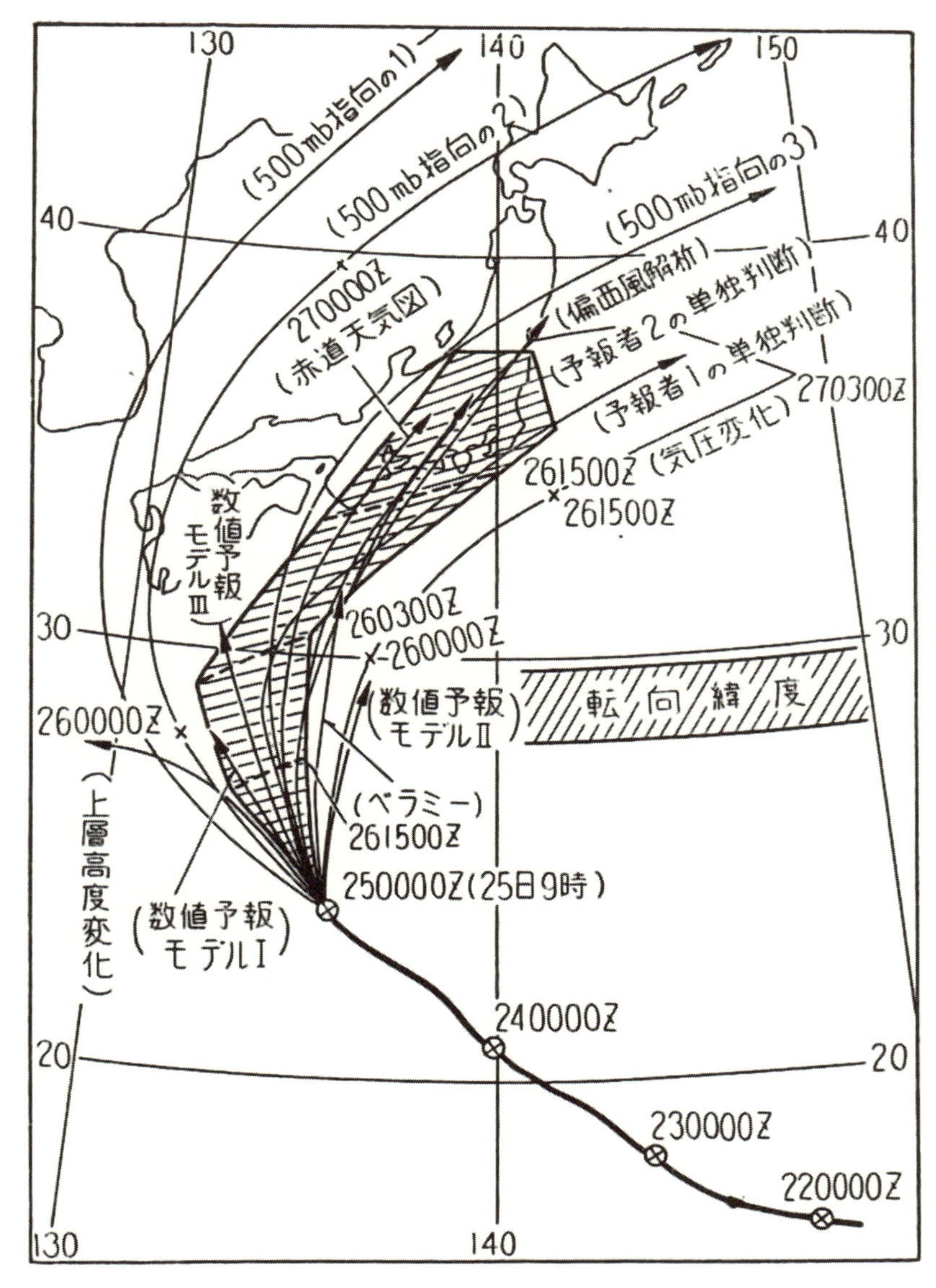

図4.1　伊勢湾台風当時の予報

図４・１の中の矢印に注目してください。９月25日９時、台風の中心は、北緯24度、東経１３６度付近にあります。ここから北の方に、いくつもの矢印が引かれています。一番西寄りの矢印は、（５００mb指向の１）と書かれています。すなわち、５００hPa高度での指向流で台風を移動させると、この経路になる、という予報経路です。このほか、（数値モデル）が、Ⅰ、Ⅱ、Ⅲの３種類ありますが、そのほかにも「予報者の単独判断」として、２つの予報経路が書かれています。１９５９年時点でも、いくつかの異なる数値モデルが運用されていたことや、その当時は数値モデルの精度があまり良くなかったために、人間（予報者）の頭で、総合的な判断をしたことがわかります。最終的な予報は主任予報官が行うこととされ、それが斜線部として表現されていますが、当時は、どの数値モデルよりも、予報者の行う予報の方が、台風の予報経路をよく当てていたということです。

(3) 時代とともに進路予報精度はしっかり向上してきた

さて、その後の進路予報の精度は、どのくらい向上してきているのでしょうか。図４・２は、１９８２年以降の気象庁の台風進路予報の精度を示しています。縦軸が進路予報の誤差（km）を、横軸が年を示しています。この誤差とは、その年の全ての台風について、ある初期値から出発して、予報された台風の位置と、実際の台風の位置との距離の差を予報時間ごとに計算し、それらの誤差を１年間で平均した値です。図中の一番右側は２０１８年の予報誤差ですが、１日予報で80km、２日予報で１１０km、３日予報で１８０kmほどとなっています。

２０１６年はその前年の２０１５年と比較するとやや予報精度が悪くなっていますが、少し長い目で

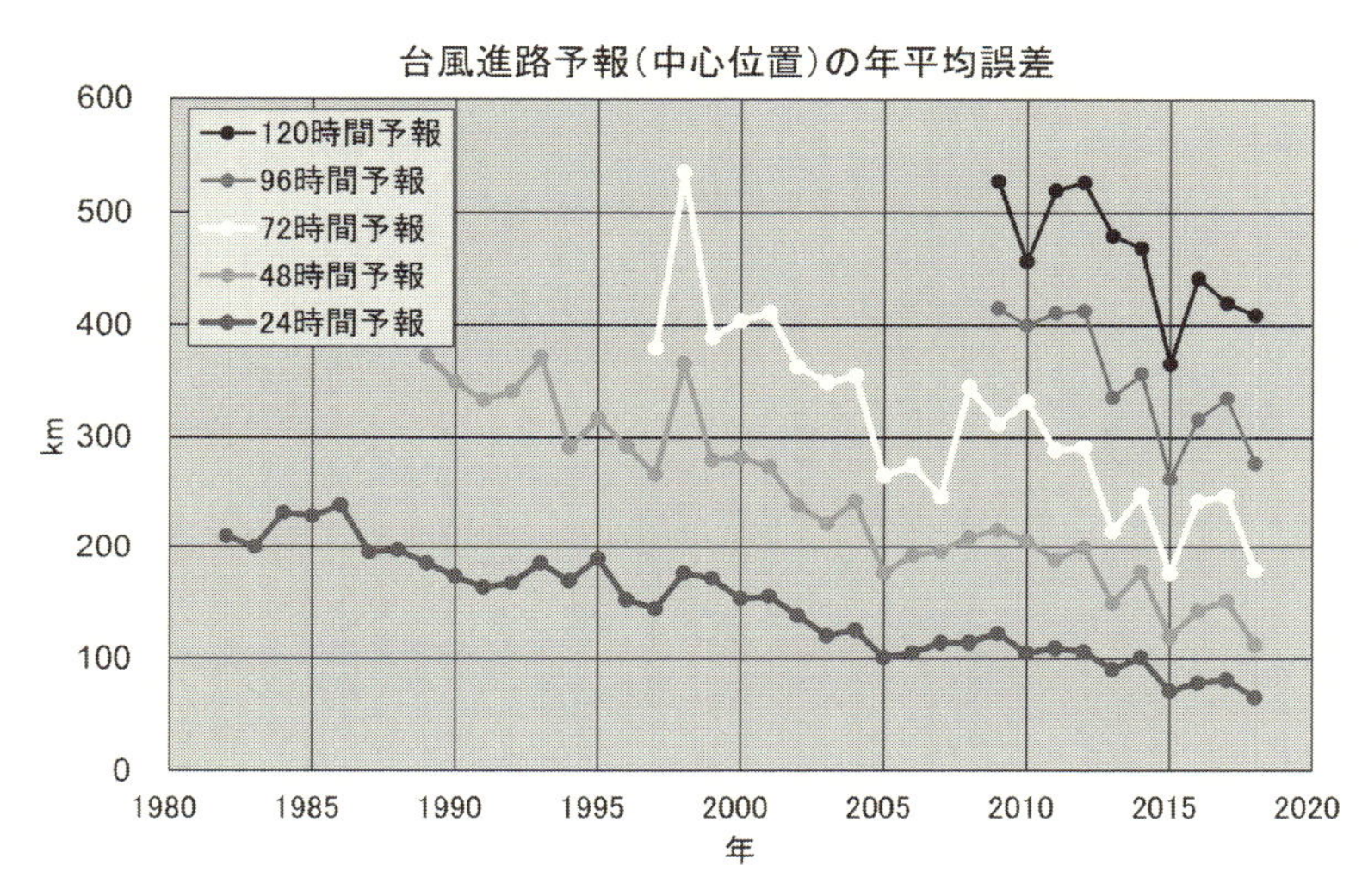

図4.2　1982年以降の気象庁の台風進路予報の精度

みると、着実に改善してきていることがわかります。たとえば、一番左側は1982年ですが、この時の1日予報の誤差は200kmほどありますから、ほぼ現在の3日予報の精度に相当します。同様に、1990年代、2日予報の誤差は300kmほどですが、これは現在の4日予報の精度に相当します。さらに、2000年頃、3日予報の精度は400km程度ですが、これは、現在の5日予報の精度です。

（4）個々の台風で見ると進路予報が難しい台風も

このように、年々進路予報の精度が良くなってきていることは確かなのですが、まだ予報が難しく、たとえば1日で1000km以上も予報と実測との差が出てしまうような事例も存在します。その理由としては、指向流が短時間に大きく変化することを予測するのが難しかったり、あるいは、台風が複数個存在し、それらが相互作用して藤原効果（Fujiwhara's effect, 〝ふじわら〟ではなく、〝ふじはら〟と発音するのが正し

いそうです）と呼ばれる複雑な経路を取るケースなどがあるからです。

前者の例として、２００４年の台風第４号（Conson）のケースを、後者の例として、２０１７年の台風第５号（Noru）のケースを示します。さらに、台風の中心付近の対流活動の偏った分布によっても台風の進路が影響を受けるという研究もあり、近年、進路予報の精度は良くなっているとはいうものの、個々の台風ではまだまだ課題が残されています。

（１）２００４年の台風第４号（Conson）のケース

この台風は私にとって非常に思い出深い台風です。なぜかと言いますと、この台風のおかげで、２００８年に行われた台風の進路予測改善のための国際プロジェクト「Ｔ-ＰＡＲＣ」の実施を大きく前進させることができたからです。この台風第４号（Conson）の話を進めながら、そのあたりの事情にも触れていきたいと思います。

まず、Consonですが、予報が大きく外れた台風の一つです。３日予報で50㎞ほどしか誤差のない、予報が極めてよく当たった台風もあれば、一方で１０００㎞も誤差が出てしまった台風も存在します。Consonは後者の台風でした。

まずConsonの実際の進路を見てみましょう（図４・３）。２００４年６月４日にフィリピンの西方海上で発生し、北東進して、11日には四国に上陸しました。この年は日本に上陸する台風が最も多く、10個もの台風が上陸しました（平年は２・７個）。黒い実線が実際の台風の経路です。最も南の台風の位置は５日９時です。７日９時から１日２回予報を走らせた時の台風の３日先までの予想経路は、灰色の

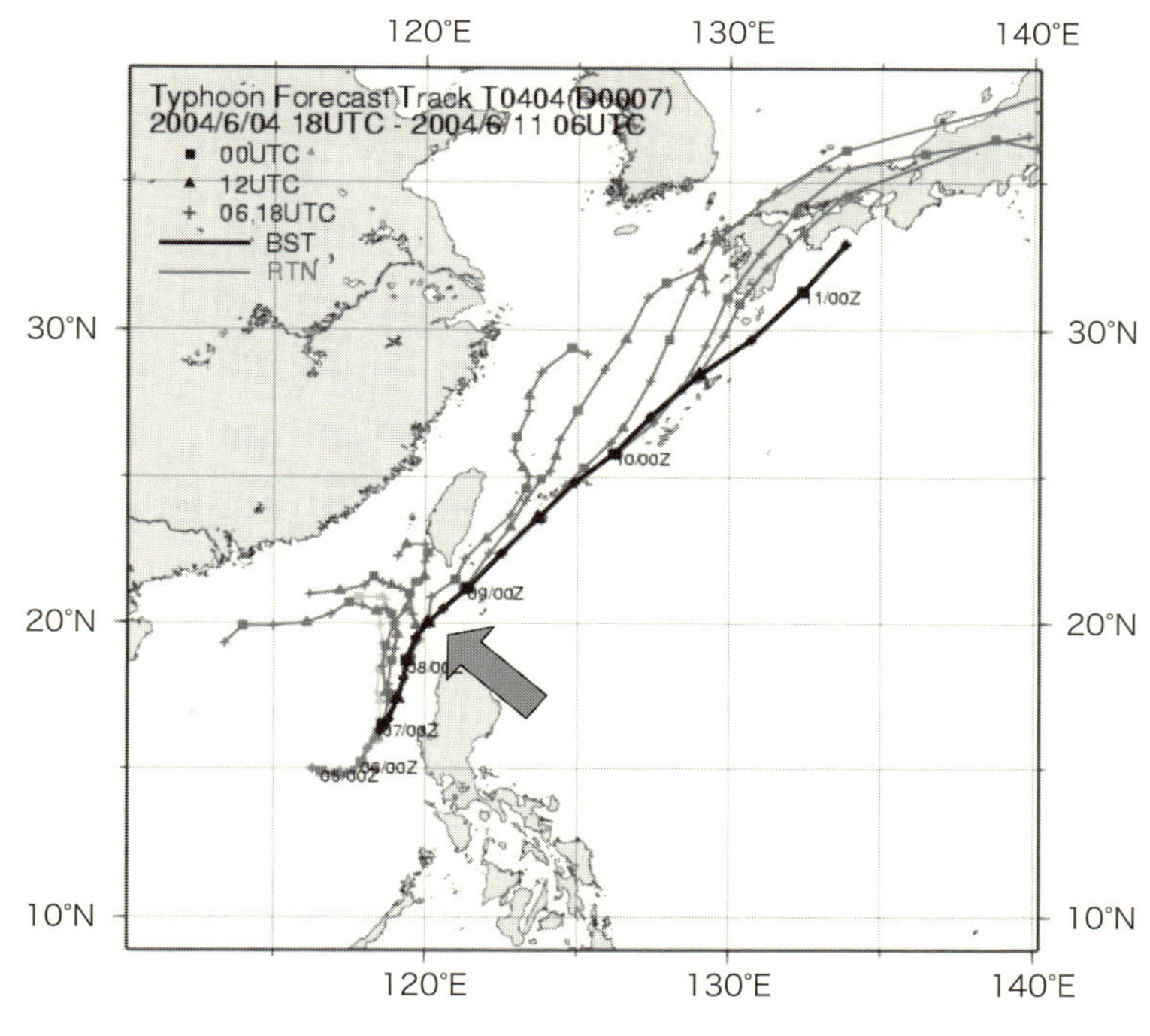

図4.3　2004年台風第4号（Conson）の経路図

実線で描かれています。

図4・3の中で、大きい矢印で示した時刻が、台湾による台風観測実験「DOTSTAR」の航空機からドロップゾンデ観測が行われた時刻です。この時までの台風の予報された進路を見てみると、北進した後で西に進路を変えていることがわかります。しかし、実際の台風進路は北東進ですから、数日先の予報で比較すると大きな誤差のあったことがわかります。あとで、観測の「ツボ」のところで詳しく説明しますが、最新の予報技術を用いると、予報を改善できる観測すべき場所（ツボ）をあらかじめ求めることができます。このツボを求める手法を感度解析、ツボを高感度域と呼びます。

DOTSTARは、2004年6月

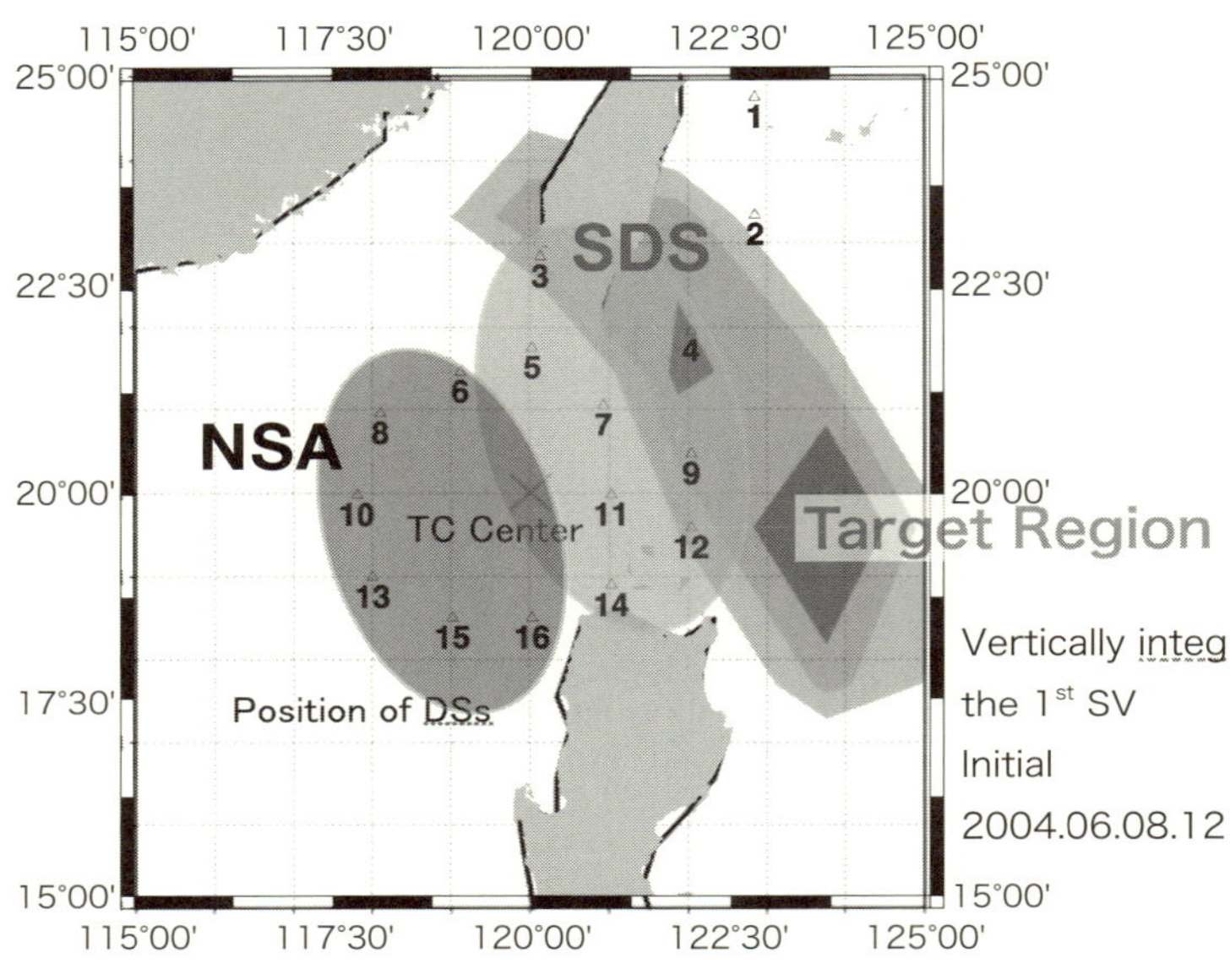

図4.4　DOTSTARによるドロップゾンデ観測と気象庁の感度解析
×印（TC Center）が台風中心。

8日世界時10時から12時の間に、16個のドロップゾンデをConsonを取り巻く周辺域で落としていました（図4・4の1から16までの数字付近）。気象庁の感度解析から、高感度域は台風の北東側（Target Regionと書かれている場所）にあり、そこではＤＯＴＳＴＡＲによるいくつかのドロップゾンデ観測が行われていましたので、そのインパクトを調べてみました（Yamaguchi et al., 2009）。どのように調べたかと言いますと、ＤＯＴＳＴＡＲが落としたドロップゾンデ観測のうち、全てのデータを使うのではなく、まずは高感度域に近い台風中心の東側の場所にあるゾンデのデータだけを使った台風の予報（ＳＤＳ）と、高感度域を含まない台風中心の西側のゾンデのデータを使った予報（ＮＳＡ）を行いました。すると、高感度域内のドロップゾンデ観測データを同化すると、台風の進

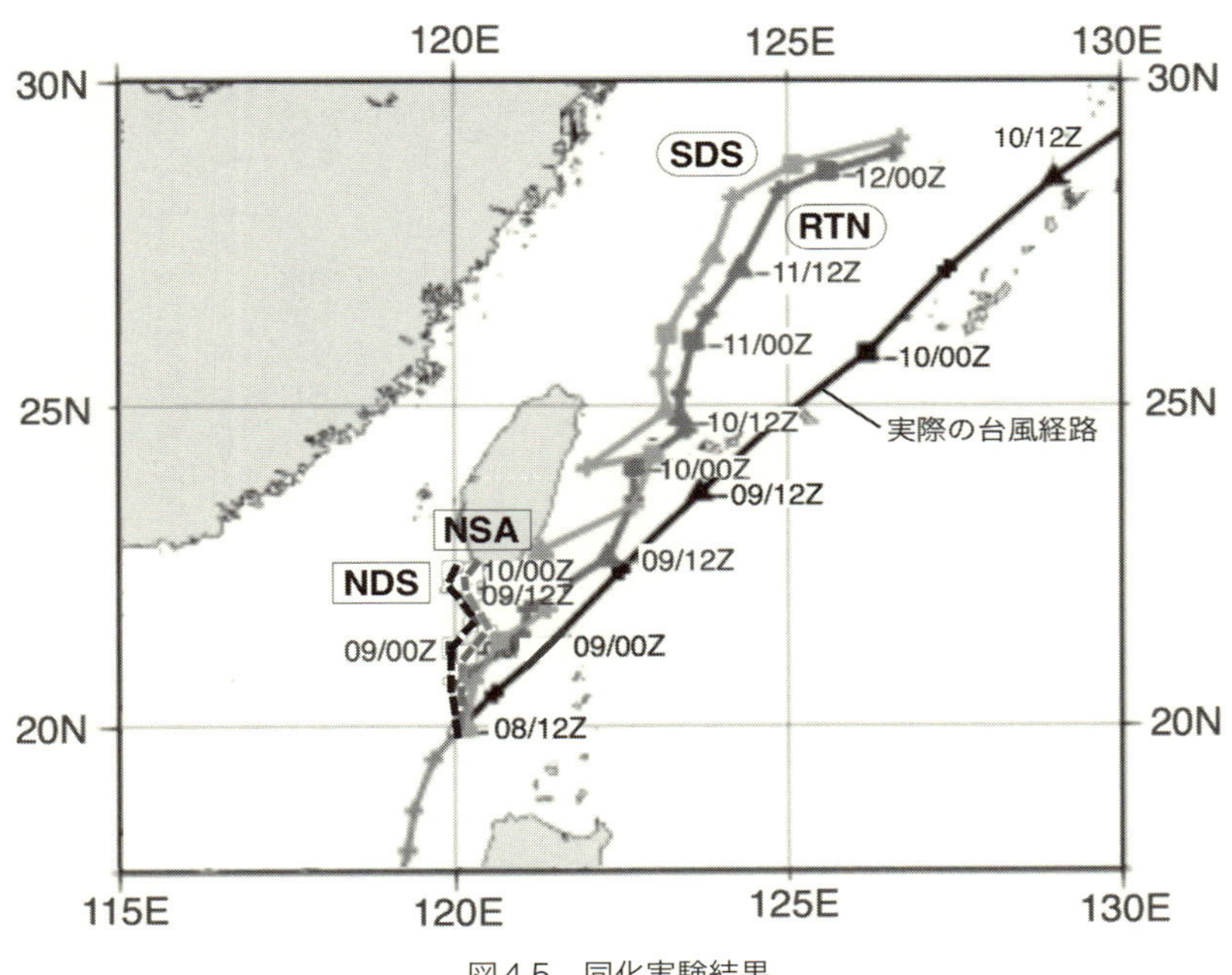

図4.5　同化実験結果

路予報が格段に改善していること、そして高感度域外のドロップゾンデ観測データを同化しても、予報がほとんど改善しなかったことがわかったのです。図4・5をご覧ください。

この図には、5つの台風経路が書かれています。黒い実線が実際の台風の経路であり、ずっと北東進しています。全くDOTSTARのゾンデデータを使わなかった場合の進路予報が、NDSです。そして、高感度域のゾンデデータを使った予報がSDS、高感度域から離れたゾンデデータを使った予報がNSA、そして、全てのゾンデデータを使った予報がRTNです。見ていただきたいのは、

①　SDSの予報が、NSAと比べて、大幅に改善しており、実況に近づいていること。

②　SDSの予報が、RTNとほとんど変わらないこと。

③　ＮＤＳの予報が、ＮＳＡとほとんど変わらないこと。

の３つです。

②のことは何を私たちに教えているでしょうか。それは、将来この感度解析により、正確に高感度域を特定することができれば、台風の観測を台風周辺でくまなく行わなくても、ピンポイントで行うことで、大きな予測改善効果が期待できるということです。③のことも似ていますが、高感度域以外のところでドロップゾンデを落としても、予報改善効果が期待できないので、高感度域がきちんと同定できれば、不必要なところでゾンデを落とす必要がなくなり、経済効果も大きいということができます。

(2) ２０１７年の台風第５号（Noru）の例

次に、藤原効果の例を示します。２０１７年台風第5号（Noru）の経路図（図４・６）をご覧ください。この台風Noruですが、とても奇妙な経路をしています。日本に上陸して、中部山岳を避けるようにして日本海に抜けたこと、そして、台風だった期間が19日と、史上最も寿命の長い台風とタイ記録になったことなどが特徴的でした。どこが奇妙な経路かと言いうと、３回も大きな進路変化を行っているところです。まず最初は7月23日あたり、そして30日21時あたり、そして最後が、九州の南海上に到達した8月5日21時あたりです。このように進路が急に変わる時の予報は難しいと考えられています。

そこで、３回進路が変わったときの、気象庁の全球アンサンブル予報モデルの予報結果も図に示しています。少しずつ初期値を変えて27個の予報を行っています。ヒゲのように初期の場所から伸びている線が一つひとつの予報になります。ヒゲの先頭は４日先の予報位置になります。

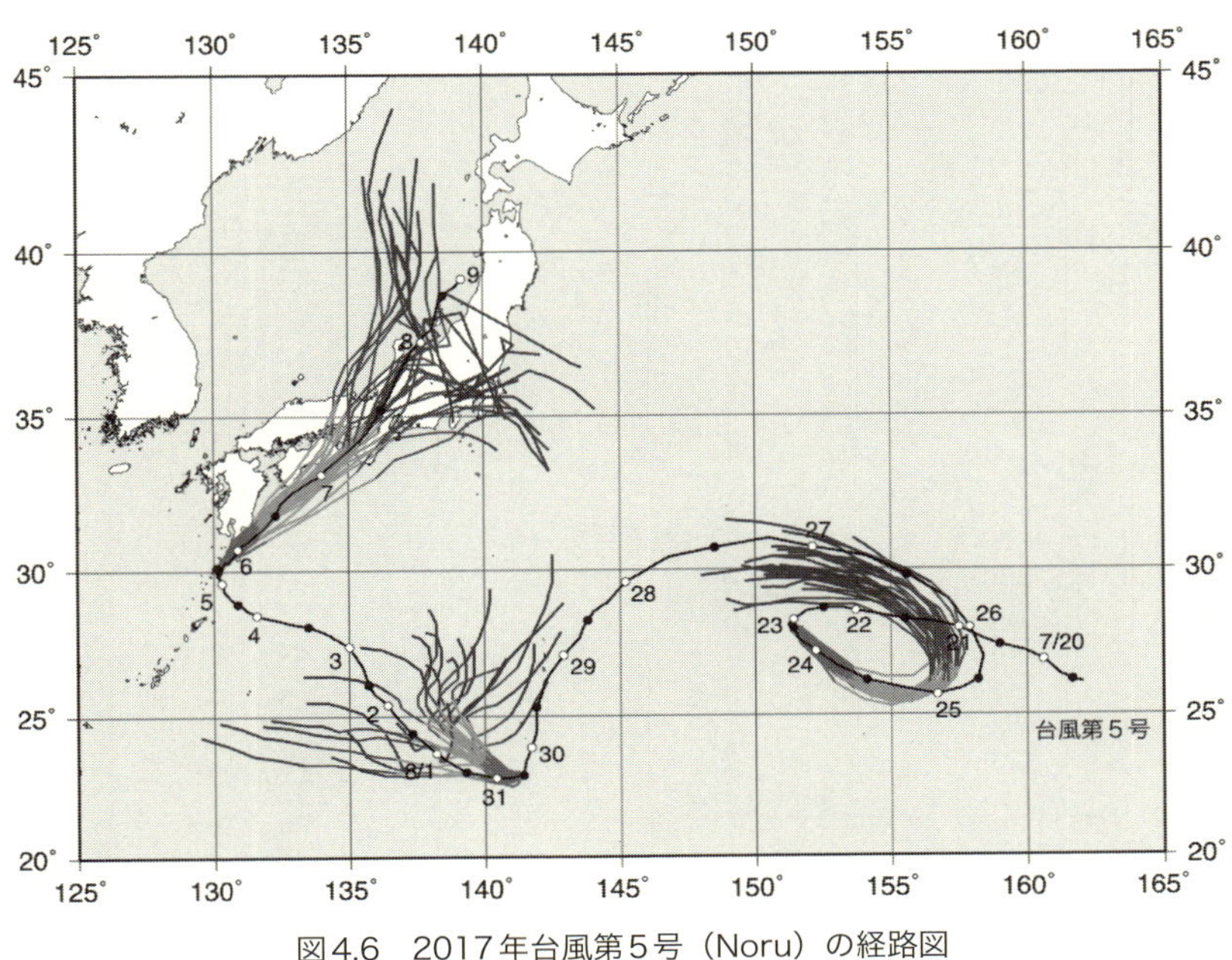

図4.6　2017年台風第5号（Noru）の経路図

これらを見ると、3回のどれも、2日先までは実況ととてもよく合っていて、進路予報が正確であることがわかります。すなわち、これほど急変した進路であるにも関わらず、その急激な変化をとらえることができていたことがわかります。しかし、2日以降を見てみるとバラツキが大きくなっていることがわかります。特に30日の場合は、ある予報では実況より西向きに進んでいたり、ある予報は、北東進していたりと、予報に大きな違いが見て取れます。

このような傾向は、九州の南海上にいた8月5日の予報にも見られます。2日先までの予報で見ると、やや実況よりは速い速度での予報となっているものの、関西地方に上陸する確率が高いことが示されています。ところが、2日以降は、北上して日本海に抜ける予報もあれば、東進して関東地方に向かう予報

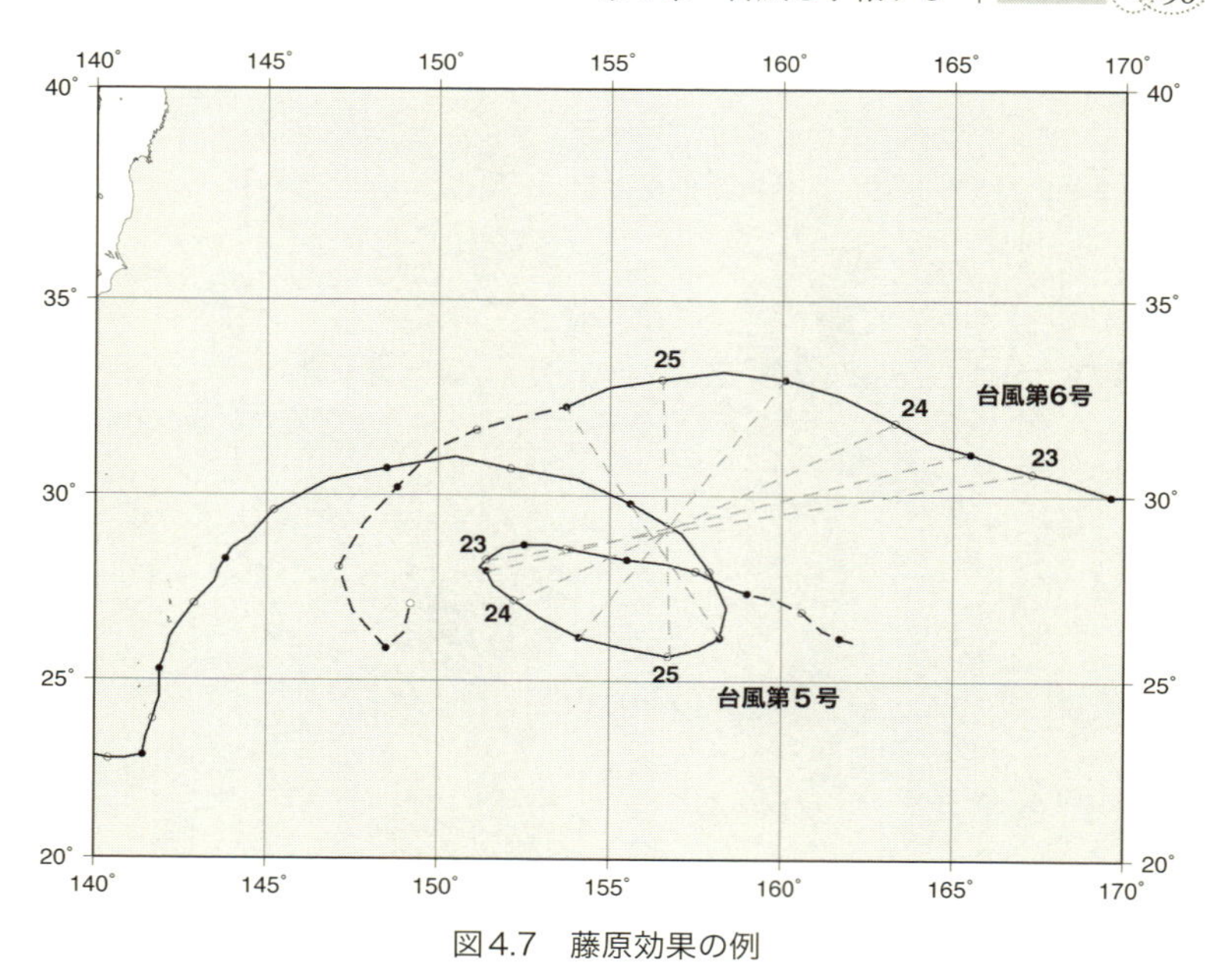

図4.7　藤原効果の例

もあることがわかります。実際の台風は、富山湾付近を抜けていきましたから、結果的には、多くのアンサンブル予報を平均したような経路で進んだと言えるでしょう（アンサンブル予報については、４・６節で詳しくお話しします）。

この台風Noruですが、藤原効果を見ることができる台風でもありました。藤原効果とは、２つの台風がある程度近づくと、反時計回りに回転しながら、それぞれが近づいて、時には一方の台風に吸収されてしまったりする現象を言います。

藤原効果は、台風Noruと台風第６号（Kulap）との間で起きました。先ほど述べた、台風Noruの進路が急に変わった３回のうち、一番最初の７月23日のケースがそれにあたります。７月23日までは西に移動していた台風Noruですが、その後急に、南東から東南東に進路を変えています。台風Kulapとの間で藤原効果が効き出したためです。

23日から26日あたりまでの間の、両者の位置を時系列で順に破線で結んでみました（図4・7）。すると、ほぼ北緯29度、東経157度周辺を中心として反時計回りに2つの台風が回っている様子がわかります。そして26日以後、勢力の弱い台風Kulapは、さらに弱まって徐々に台風Noruに取り込まれていき、その後吸収されて消滅してしまいました。このように、別の台風を吸収してしまう例は珍しいようです。

一方の台風Noruは、台風Kulapを吸収したため藤原効果がなくなり、その後発達しながら進路を北西に取り始めています。

もし興味ある方は、他の台風での藤原効果の例を以下に示しますので、経路図や衛星画像（特にムービー画像）などを見ながら[*01]、どのように藤原効果が起きているかを調べてみると面白いでしょう。

1985年台風第12号／台風第13号／台風第14号
2002年台風第09号／台風第11号
2007年台風第23号／台風第24号
2012年台風第14号／台風第15号
2017年台風第09号／台風第10号

*01 「デジタル台風」のホームページにムービーも載っています。 http://agora.ex.nii.ac.jp/digital-typhoon/reference/index.html.ja

コラム15　藤原（ふじはら）効果

藤原効果（Fujiwhara's effect）とは、第五代目の中央気象台長（今の気象庁長官）だった藤原咲平博士が１９２３年と１９３１年に発表した論文で報告した２つの渦の相対運動のことです。なおここでは、渦を台風と言い換えてご説明しましょう。

藤原効果とは、２つの台風がある程度近づくと、反時計回りに回転するようになり、それぞれが近づいたり、時には一方の台風に吸収されたりする現象を言います。「ある程度近づくと」と言いましたが、藤原効果が効き始める距離は、経験的におよそ１０００㎞程度と言われています。論文によれば、藤原博士は、この２つの渦の相対運動のことを、「岡田の法則」と呼んでいます。岡田とは、藤原博士の恩師であり、藤原博士の前の第四代中央気象台長だった、岡田武松博士のことです。実は、岡田博士は、低気圧と低気圧は接近し合い、低気圧と高気圧は離れるという経験則を発表したことがあり、この経験則を藤原博士が実験で証明しようとしたものだそうです。

なお、「ふじわら」でなく、「ふじはら」とわざわざ表記したことを不思議に思う方もいらっしゃるかもしれませんが、ローマ字表記でも、Fujiwara でなく、Fujiwhara となっているように、こちらの発音の方が、藤原博士の出身地である長野県諏訪地方のものに近かったからだそうです（根本、１９８５）。

4.3 観測のツボ

(1) 人体の「ツボ」と観測の「ツボ」

進路予報をするための観測には「ツボ」があります。人体に、東洋医学で言うところの「ツボ（指圧点）」があるのと似ています。鍼灸（しんきゅう）でツボを刺激すると、疲れが取れたり体の調子が良くなったりしますが、ツボを外してしまうと、何の効果もないばかりか、かえって具合が悪くなってしまうこともあります。「ツボを押さえる」とは、「話や物事の要所、急所をしっかりと押さえる」という意味ですが、要点、急所をピンポイントで押さえることが重要なわけです。

近年の研究成果から、気象観測においても、人体のツボと同様に押さえるべきポイントがあることがわかってきました。すなわち、ある特定の場所で観測を行うことで、観測のツボが押さえられれば、予報の誤差を改善できるというわけです。言い替えれば、予報を改善するために、「どこで観測を行えばいいのか」が、数値モデルを走らせることでわかるようになってきたのです。

(2) 2008年に、観測の「ツボ」の効果を確かめる国際共同観測T-PARCを実施

ある特定の場所で観測すると予報がよくなるということは、逆に言えば、その場所では初期値に不確実性が高いといえます。観測のツボの理論的な研究は１９９０年代に始まり、90年代後半からは、欧米などを中心に、冬に急発達して大雪や強風などをもたらす爆弾低気圧の予報改善を目指す実証実験が行われてきました。２００８年には日本も参加して、北太平洋で台風の観測のツボを押さえ、台風予報の

改善効果を確かめる国際共同観測も行われました。これが、T-PARCと呼ばれる国際観測プロジェクトです。

実は、このT-PARCが日本国内で動き出したのは、進路予報を大きく外した台風Consonがきっかけとなりました。４・２節で述べたように、高感度域でのドロップゾンデデータを取り入れると予報が格段に改善することがわかりました。この結果を契機として、観測のツボを押さえることで台風予報の改善の可能性が高まるとして、一気に国際観測プロジェクトT-PARCが本格的に始動することとなりました。

（３）観測の「ツボ」＝高感度域の実例

T-PARCの際に、気象庁の予報モデルから計算された台風第13号（Sinlaku）に対する高感度域の例が口絵６です。高感度域は、台風の予想中心位置に対してどこで観測すれば、その後の予報が改善されるのかを指し示してくれます。計算を始めた初期値は、口絵６の24時間前です。したがって、この24時間の間に、航空機をどこに飛ばしてどの時点でドロップゾンデを落とすかなど、様々な観測の準備を行うことができます。実際に、この高感度域周辺で観測を行った結果を使うと、行わなかった場合と比べて、台風の進路予報が格段に改善されました。

（４）予報は改善したか？

図４・８は、台風の中心や周辺に投下されたドロップゾンデにより観測された気象データを予報モデ

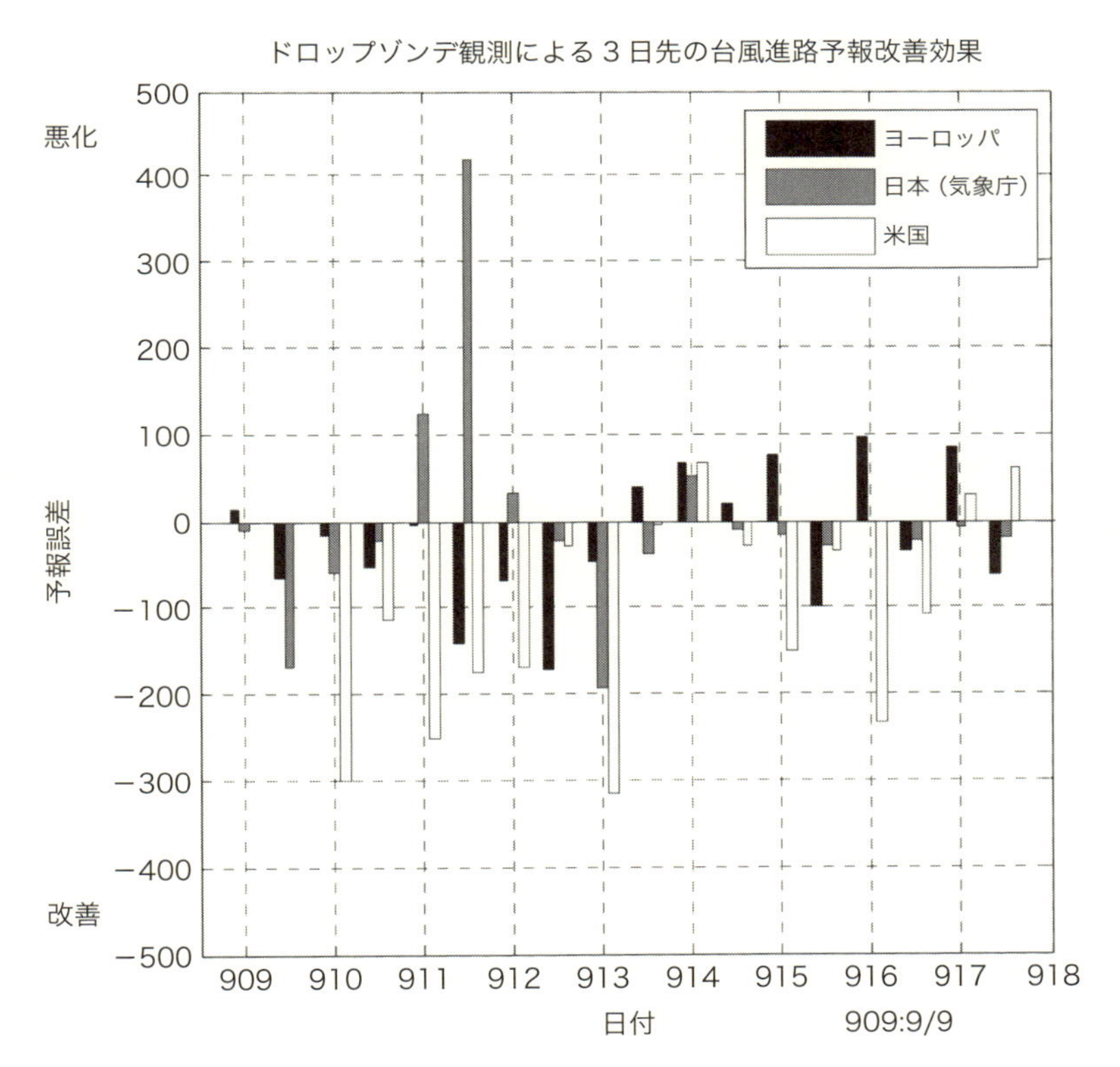

図4.8　感度解析結果に基づき高感度域で観測を行い台風の進路予報改善
棒グラフが下に長いほど、予報が改善。

ルに取り込んだ場合、それを取り込まなかった場合と比べて、３日先の台風の進路予報が良くなったのか悪くなったのかを示したものです。負の値は、予報誤差が小さくなっていることを表しています。それはすなわち、予報が改善したことを意味しています。逆に、正の値は、悪くなっていることを示しています。

総じて棒グラフは負の値を多く示しています。つまり、ドロップゾンデの観測データを同化することにより、進路予報が良くなっていることを示しているわけです。ただ、９月11日（９１１と書かれている）には、気象庁（ＪＭＡ）のモデル予報は、４００km以上も進路予報が悪くなってしまっています。これは、ゾンデの観測データを加えることで、予報が悪くなっていることを意味しています。その理由として、数値予報モデルの台風中心位置と実際の台風の位置がずれていると、観測データを加えることで台風の構造が歪められてしまうということがわかっています。移動が早く進路の不確定さの高い強い台風では、台風の中心付近の観測データの取り扱いに細心の注意が必要であること、また、数値予報モデルの台風中心位置が実際の台風の位置とずれている場合、それを補正する必要もあることなどが教訓としてあげられます。

さて、「観測のツボ」がわかれば、あとはそのポイントで観測するだけです。そのためには、いろいろな観測手段がありますが、もっとも有効なのは航空機による観測です。台風の周囲をぐるっと観測することを考えてみましょう。直径が２０００kmの台風を考えます。すると、一周はおよそ６０００kmとなります。ジェット機であれば、時速８００kmで飛ぶのは簡単ですから、1周するには、８時間ほどですみます。ただ、プロペラ機だと、時速４００kmでも1周するのに15時間もかかってしまうので、台風の観測にはあまり向いていないといえるでしょう*02。

4.4 台風はどこまで精度よく予報できているのか—強度予報

(1) 強度予報の改善は足踏み状態…

強度予報は、進路予報ほどには進んでいません。停滞気味といってもいいでしょう。図4・9は、気象庁の強度予報精度を示したものです。改善しているどころか、少し悪化しているようにも見えます。なぜでしょうか。まず、進路予報について考えてみましょう。

進路予報の改善には、指向流、すなわち、台風周辺の風の場の予測が大事です。観測データの充実とデータ同化技術が進んだことにより、風の初期場が改善され、それによって進路予報も改善したものと考えられます。

それでは強度予報についてはどうでしょうか。鍵を握るものの一つはＣＩＳＫです。環境場と雲・降水などの積雲対流活動との相互作用が概念的にはわかっており、徐々にモデル化もされてきてはいますが、それが十分な状況には至っていないのではと考えられます。もう少し言えば台風を再現しようとして用いられている数値モデルのうち、たとえば雲や降水の表現が不十分であると言うことができます。

*02 実際、私は、エアロゾンデと呼ばれる無人プロペラ飛行機で台風の観測を行う機会がありました（別所ほか、２００２）。時速１００㎞で三十時間飛行することが可能な無人機でした。しかし、上記の台風の場合で言えば、一周するのに実に60時間かかってしまうことになりますから、台風を一周もすることができないということになってしまいます。

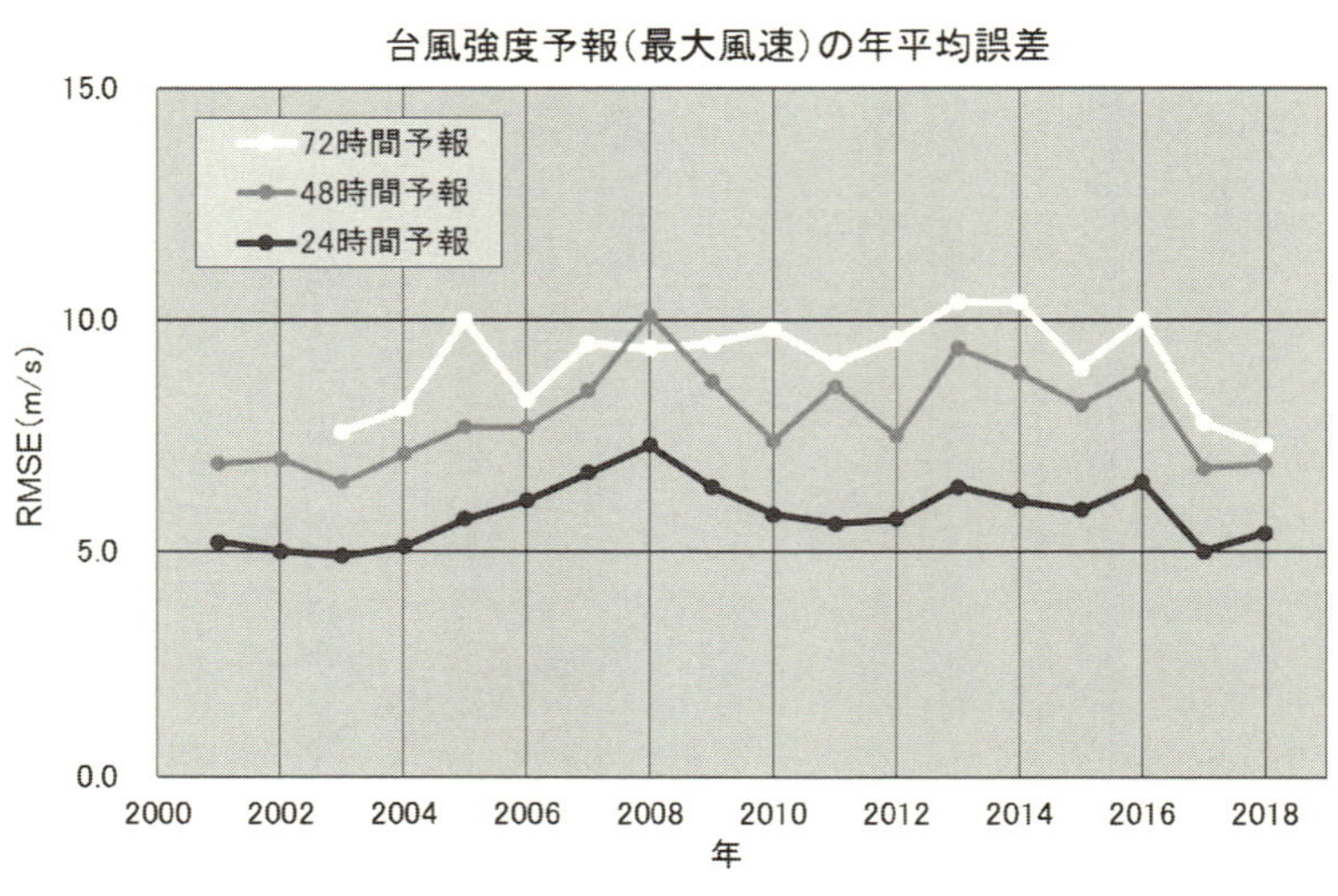

図4.9　2001年以降の気象庁の台風強度予報の精度

(2) なぜ強度予報は難しいのか？

台風を理解するには、大気物理学をはじめ、すべての科学を総動員する必要がある、とよく言われます。大規模場の大気力学や積雲対流はもちろんのこと、乱流、境界層、雲物理、熱帯大循環、海洋力学、放射、大気海洋相互作用などを理解する必要があるからです。強度予報を改善するためには、これら一つひとつの相互関連をきちんと理解することが求められます。さらに、台風にとって最も厄介なのは、対流雲のメソスケールへの組織化です。この点の理解がまだまだ不足しているといっていいでしょう。

(3) 急発達する台風の予測精度向上が鍵

もう一つ強度予報の精度を上げる鍵は、急発達する台風の予報精度向上です。近年、急発達する台風が増えていると言われています。急発達が予報できなければ、誤差は大きくなります。急発達は対流バーストによって起きていると考えられますが、この対流バーストがなぜ起きているのかが現在の観測網ではきちんととらえきれていないことが、誤差を大きくしている原因の一つと考えられます。海洋の水温分布、海面の水蒸気量、海面の顕熱・潜熱輸送量、大気下層の風の流れ、条件付不安定度、そして、台風中心付近の潜熱加熱量などがきちんと観測できれば、ひょっとすると急発達の台風を予測することができるかもしれません。しかし、そのような観測データが利用できるようになるには、まだだいぶ時間がかかりそうです。

(4) 数値モデル開発の2つの流れ

台風研究の第一人者である山岬正紀博士は、ご自身が開発した20㎞の空間分解能のモデルがメソ対流を解像できるモデルなので、台風の本質的な振舞いについてはそのモデルでとらえることが可能である、と述べています。

一方で、横浜国立大学の筆保弘徳博士らは、NICAM*03(Nonhydrostatic ICosahedral Atmospheric Model（非静力学正20面体格子大気モデル）の略称）と呼ばれる、全球雲解像モデル（空間分解能7㎞）を用いて、台風の1ヵ月予報を行い、積分を始めてから2週間目あたりの2つの台風の発生を、位置・強度ともに、観測とほぼ一致して、精度よく予報できることを示しました（Fudeyasu et al., 2008)。

山岬博士と筆保博士の2つの研究は私たちに何を語っているのでしょうか。山岬博士の結果からは、台風の発生、発達に不可欠な物理過程がきちんと精度よく含まれたモデルであれば、20㎞分解能であっ

*03 http://cesdweb.aori.u-tokyo.ac.jp/~nicam/index.html

ても、十分に発生や発達、すなわち強度を予報することは可能ということができるでしょう。それによって、20㎞という分解能のモデルであっても、台風の本質は押さえられているので、計算機資源が限られた環境下でも、いろいろな物理過程の相互関連を詳しく調べることができるというメリットがあります。もちろん、20㎞の分解能では、眼の壁雲での暴風や豪雨の表現に制約があることも事実ですから、それぞれの目的や用途に応じた使い方をすることが大事です。

一方で、筆保博士らが示した超高分解能のＮＩＣＡＭモデルは、ハイコストながら、地球温暖化時の台風の将来予測の研究も含め、世界中の他の研究機関ではなし得ていない、世界トップレベルの先駆的な成果を上げることができると言えるでしょう。

コラム16　NICAM

NICAMとは、その正式名を「Nonhydrostatic ICosahedral Atmospheric Model（非静力学正20面体大気モデル）」と呼び、東京大学や海洋研究開発機構（JAMSTEC）が共同で開発した大気数値モデルのことです。その特長は、①「地球シミュレータ」を使って、全球で水平分解能7㎞あるいは3.5㎞という極めて高い分解能で計算を行える環境が構築できたこと、②地球を全て同じ大きさの正三角形で覆うことで、それまでの数値モデルが抱えていた極での計算不安定の影響を全く受けずに時間積分を行えること、③これまでの全球モデルが抱えていた積雲をパラメータ化せずに、対流に関わる変数を予報することで、積雲の振舞いを一つひとつ表現することが可能となっていることなどです。

最近では「京」スーパーコンピュータを使って、水平分解能を1㎞未満にするなど、さらなる進化を遂げてきました。

4.5 台風予報の現場では

前節では、台風の進路予報と強度予報の精度の現状について説明しましたが、それでは、実際に気象庁ではどのように台風の予報が行われているのでしょうか。台風が日本に影響する可能性が出てくると、気象庁では特別な態勢で臨み（台風臨時編成と呼びます）、できるだけ正確な情報をできるだけ早く地方自治体やマスコミを通じて住民に伝えるために、秒刻みで24時間休むことなく忙しい作業を行っています。

台風が日本の３００km以内に接近または上陸し、著しい災害が予想される場合に、全国を対象とする台風臨時編成（区分１）が実施され、台風指示報、全般台風情報（台風の発生情報、位置情報、上陸情報など）を毎時出すこととなっています。台風予報作業は、現業当番者だけでなく、応援要員も加えて、以下のような作業を行っています。

①台風解析

台風解析担当は、衛星、レーダー、地上海上資料から、台風の中心位置、進行方向と速度、中心気圧、最大風速・最大瞬間風速、暴風域、強風域、台風の大きさ、強さ、温帯低気圧化の判定などを行い、台風指示報を毎時作成します。１時間後の位置、強度の推定値も決定したり、24時間先までの３時間ごとの予報も行っています。正時後40～50分のなるべく早い時間に行うとされています。

②台風予報

72時間先までの予報を担当しています。５日進路予報は、気象庁の数値予報モデルによる予報結果だけでなく、世界の３つの予報センター（ヨーロッパ、英国、米国）の数値予報結果も加えて決定されます。

③台風情報

台風情報担当は、台風が72時間以内に、日本へ影響を及ぼすと予想される場合、台風に関する総合情報を作成、発信します。１日に多い時で４～８回発表します。とりわけ土日に台風接近が予想されるなど、防災対策上24時間以上先までのある程度信頼できる雨量予想ができると判断される場合には、予想雨量を示すことができます。

4.6 アンサンブル予報とは？

（1）大気のカオス性

皆さんは、カオス（Chaos）という言葉を聞いたことがあるでしょうか。この言葉は、日本語では「混沌」と訳されていますが、数学や気象学などのサイエンスの分野では、「予測が困難な不規則運動」といった意味で用いられています。もう少し詳しく説明すると、「決定論的な非線形法則から生み出される非周期的な不安定運動」などと定義されています。ポアンカレによって最初に指摘されたこの概念を、ローレンツ（E. N. Lorenz）という著名な気象学者が発展させました。

ローレンツは、そもそも天気予報はどれだけ先の時間まで長期に、そして正確に予測することが可能なのかという、天気の予測可能性を研究し、カオス現象を発見しました。そしてローレンツは、単純化した非線形微分方程式を用いて、ある変数がどのように時間発展していくのかを調べました。その結果、初期値の小さな違いによって、将来の結果が大きく異なることを見つけました。

ローレンツの研究の大事な点は、大気が持つカオス性ゆえに、たとえ観測が正確に地球上すべてを覆って行われるようになり、数値予報モデルが精緻化され完璧なものとなったとしても、未来永劫にわたって正確な天気予報を行うことは不可能である、ということを理論的に示したことです。

(2) 天気の予測可能性　昔は「2週間まで」今は「3週間以上」将来は「2ヵ月先まで」

ローレンツの研究後、天気の予測可能性は原理的に2週間程度しかない、と言われてきました。ところが、最近は、3週間以上先まで実際に予測できる事例のあることがわかってきました。

さらに現在では、世界気象機関（WMO）の主導で、気象庁など各国の気象機関が参加する、1ヵ月から2ヵ月先まで天気予報を行うというチャレンジングな取り組み「季節内〜季節予報プロジェクト」(Sub-seasonal to Seasonal Prediction Project, S2Sプロジェクト）が進行中です。この取り組みについては、本章の最後のところで触れることにします。

それでは、本題のアンサンブル予報についてお話しします。「アンサンブル」とは、「全体的効果」「調和の取れた婦人服の組み合わせ」「合奏、合唱」「演奏の調和」などの意味がありますが、気象学でアンサンブル予報という時のアンサンブルとは、「一揃いの集合」というような意味合いで使われます。

（3）少しずつ初期値を変えて予報をいくつも行う　アンサンブル予報

まず、数値モデルを走らせて天気予報を行うとき、最初の大気の状態を記述する初期値の不完全性、不確実性があることに注意する必要があります。また、初期値は主として様々な測器による観測から求められますので、観測に不確実性があるとも言えます。そこで、ある一つの初期値からだけ数値モデルを走らせて予報をするのではなく、少しずつ初期値を変化させて、変えた初期値からいくつもの予報を一揃いまとめて行うこと、これがアンサンブル予報と呼ばれるものです。

一つひとつの予報を、「メンバー」と呼びます。一つだけの初期値からの予報は、決定論的予報と呼ばれるのに対して、アンサンブル予報は確率予報の一つです。なぜアンサンブル予報を行う必要があるのでしょうか。それは、大気がカオス性を持っているからです。観測値に小さな誤差があれば、時としてその誤差が天気予報に大きな違いを生んでしまう場合があります。

4.7　研究目的に自由に使えるアンサンブル予報データ

２００５年から２０１４年にかけて行われた世界気象機関（ＷＭＯ）のＴＨＯＲＰＥＸ（THe Observing-system Research and Predictability EXperiment, 観測システム研究・予測可能性実験計画）プログラムの下で、日本の気象庁を含む10の予報センターによるアンサンブル予報データが作成、共有されました。プログラムが終了した現在でも、引き続き予報データが作成され続けており、世界の研究者に利用されています。ＴＩＧＧＥ（ティギー）と呼ばれるこのデータベースは、ヨーロッパ、アメリカ、中国にアーカイブセンターが置かれ、初期時刻より2日遅れのデータを研究目的に利用できるようになっています。

総データ量は、1日に約５００メンバー、トータル５００ギガバイトにもなる膨大なものです。しかし「そんな膨大なデータをどのように予報官は使っているのか」という疑問が浮かんできます。はっきり言うと、アンサンブル予報データは、まだ十分には利用されているとは言えないのが現状です。予報官のみならず研究者にとって使いやすいプロダクトを作ることは、このＴＨＯＲＰＥＸの重要な課題の一つでした。世界中のアンサンブル予報データから、台風の進路予報のウェブページを作ったり、大雨、強風、寒波、熱波といった顕著現象が起こりそうな場合に、それを2週間先まで、どこで起こりそうかを知らせるページもできています (http://gpvjma.ccs.hpcc.jp/TIGGE/tigge_extreme_prob.html)。

もちろん予報は難しいのですが、台風の進路にしても、顕著現象にしても、５日先まで正確に予測しているケースもたくさんあることに気づかれると思います。

4.8 ＭＪＯの予報改善で台風予測が1ヵ月先まで可能に

どうしてＭＪＯが突然台風の本に出てくるのでしょうか。それは、ＭＪＯが台風の発生に大きく関わっていること、そして、アンサンブル予報により、ＭＪＯの予報が画期的に改善していることから、台風の発生予報が格段に良くなってきていることなどが理由です。

（1）ＭＪＯの活発期に台風が発生

まず台風の発生にＭＪＯがどう関係しているのかを見てみましょう。口絵7は、その一例です。２００４年の台風発生の時刻と緯度をＭＪＯの活発期と重ねてみました。台風の発生した緯度と日にちのところに丸印がついています。また、東経１３０度から１５０度で平均した海上東西風が等値線で描かれています。ＭＪＯの活発期には海上では西風が卓越します。

５月から10月までの間に、３つの西風の卓越した時期があることがわかります。それぞれの西風の卓越した時期に、台風の発生がまとまって起きていることがよくわかると思います。

しかし、別な見方をする人もいます。彼らは、「ＭＪＯは台風発生に影響を与えていない」(Liebman, Hendon, Glick, 1994）と述べています。彼らの主張は次のとおりです。熱帯低気圧の個数と、台風になった個数の比を、ＭＪＯの活発期とそれ以外の時で計算すると、同じ値になった、というのがその理由です。つまり、ＭＪＯの活発期とそれ以外の時で違うのは、熱帯低気圧の個数が活発期には多くなっているということだけだと主張しているわけです。

みなさんはこれをどう考えるでしょうか。私は、ＭＪＯの活発期に熱帯低気圧の数が増えていることこそ台風の発生にとって重要だと考えています。これは、実は台風に限ったことではありません。ＭＪＯの活発期には、大雨が起きやすいことも報告されています。このことをどう理解すればいいのでしょうか。

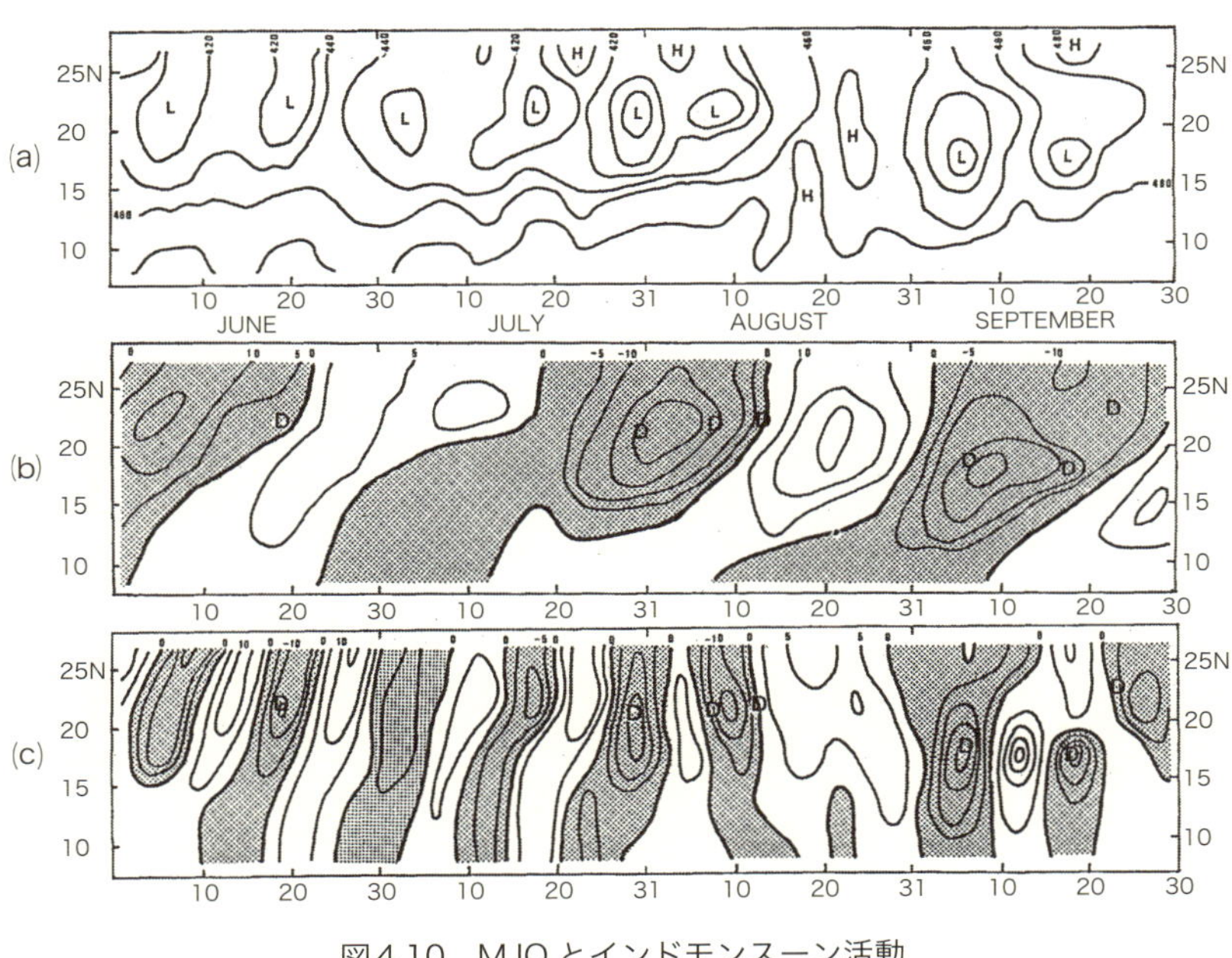

図4.10　MJO とインドモンスーン活動

(2) ＭＪＯ活発期にモンスーン低気圧が集中して発生

一例として、図4・10に、インドの夏のモンスーン期の北緯15度に沿った高度場（上図、Hは高気圧、Lは低気圧）とそれらをＭＪＯのスケール（30日から60日の周期成分）で抽出したもの（中図）、そしてより短い10日から20日周期の成分を抽出した図（下図）を示します。この図で、下2図で、Dと描かれているのは、モンスーン低気圧（Depression）と呼ばれる低気圧で、これはインドに大雨をもたらす低気圧です。この低気圧の卓越周期は、15日程度で、きれいに10日から20日周期成分の点彩域と一致しているとともに、ＭＪＯスケールも、点彩域を包括して一致しています。したがって、台風も大雨をもたらすような低気圧も、ＭＪＯの活発域で起きていると言えます。

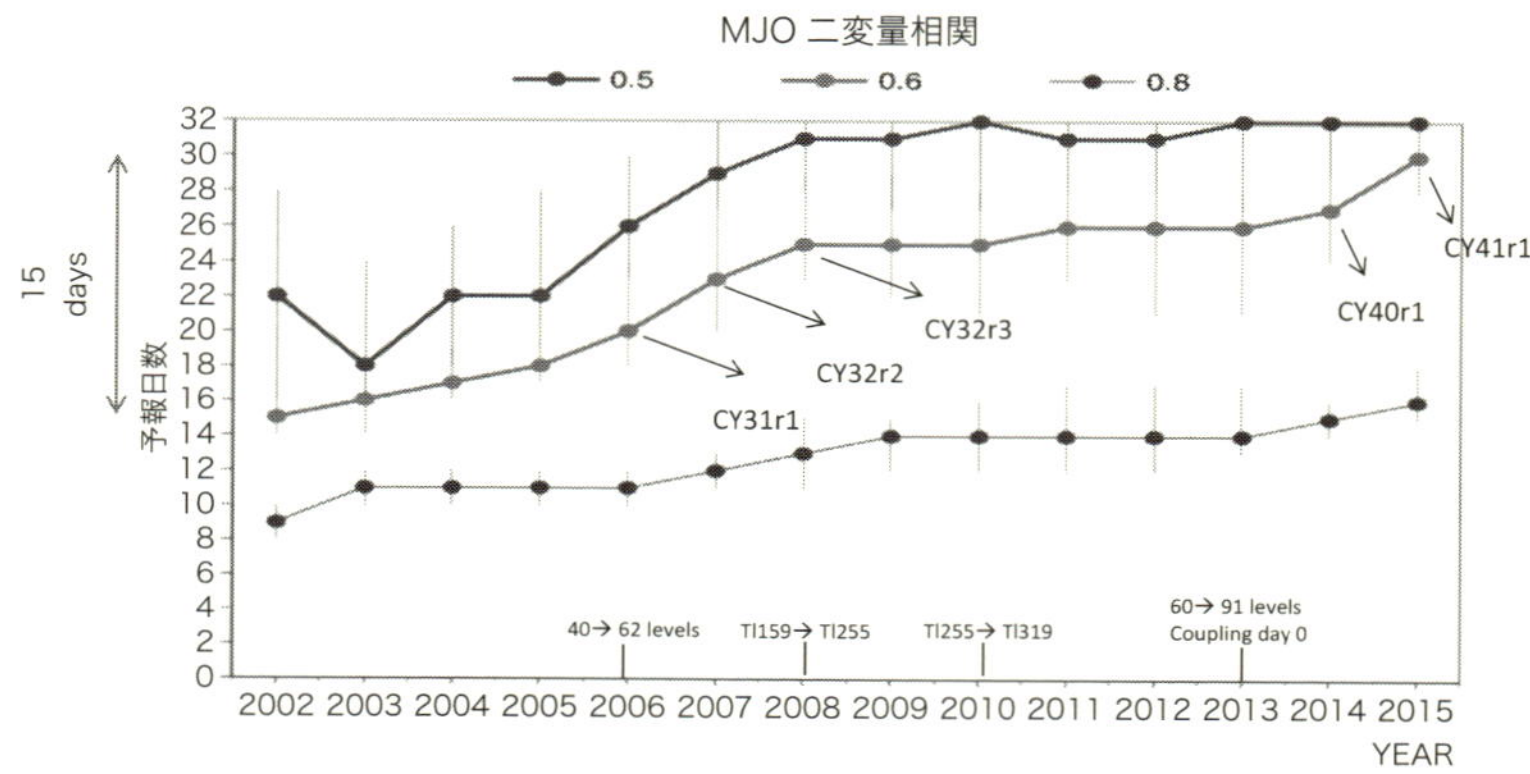

図4.11　ECMWF の MJO 予報成績
観測された MJO と予報の相関係数を３種類の折れ線で示す。

ＭＪＯの活発域で、台風や大雨などが発生しているのであれば、ＭＪＯの予報がうまくいけば、台風や大雨などの顕著現象の予報も精度よくなるのではないでしょうか。「そのとおり！」といいたいところですが、どの場所で、何月何日何時ころ大雨が起きるかをぴたりと予想するのはまだまだ難しい段階です。

しかし、「おおむねこのあたりで、大体いつ頃（たとえば週の前半か後半）に起きる可能性が高い」という大まかな予報の精度を良くすることは可能ではないかと考えています。ひと昔前であれば、ＭＪＯはとても予報が難しい現象でした。日々の天気予報の予報精度が数日程度しかなかった１９８０年頃、まだ見つかってそれほど月日の立っていないＭＪＯ（まだＭＪＯという名前もついていなかった）は、１週間程度を予報するのがやっとでした。

(3)　1ヵ月先の台風の発生を予報できるケースも

ところが最近では、１ヵ月先までも予報できるケースのあることがわかってきています。図４・11はヨーロッパ中期予報センター（ＥＣＭＷＦ）のＭＪＯの予報成績を年ごとに示したものです。真ん中の相関係数０・６のグラフを見ると、２００２年には15日先まで０・６以上だったものが、２０１５年には30日先まで０・６以上となり予報が改善していることを示しています。これによると、ほぼ1ヵ月先までＭＪＯを予報できています。さすがに2ヵ月先まで台風の発生場所を精度よく予報するのは現在の技術ではまだ不可能です。しかし、1ヵ月先のＭＪＯの予報結果をもとに、台風が発生する可能性が高い領域をある程度の精度で言うことができる時代になっているということは覚えておいてください。

口絵8はＥＣＭＷＦの結果ですが、３週間先の台風の発生の予測確率を調べたものです。この予測確率は、アンサンブル予報から計算されたもので、全体の予報メンバー数のうち、台風が発生した予報のメンバー数の割合を出したものです。暖色系の領域は台風の発生する可能性が高いところを示していきます。南インド洋と南西太平洋でその可能性が高くなっていますが、どちらも実況でこの時期にその周辺（黒い丸印が南西太平洋の発生位置）で台風が発生しています。南西太平洋の台風はバヌアツに大きな被害をもたらしました。

4.9　近未来の天気予報「位置について、用意、ドン！（Ready, Set, Go!）」

「Ready Set Go」とは、陸上競技における「位置について、用意、ドン」を示す言葉ですが、気象の世界では、最近、米国コロンビア大学の国際気候社会研究所（ＩＲＩ）と赤十字によって用いられるようになった言葉です。ここでは、「季節～季節内予報（Ready）」「4、5日予報（Set）」「短期予報

(Go)」のそれぞれの段階の予報をうまく利用することで、気象災害の軽減や防止に役立てることをめざした標語として用いられています。まだこのような予報は十分に利用されているとは言えませんが、これらの異なる予報がそれぞれ矛盾なく整合性が取れて実現され、社会に貢献するときが近未来には可能となるでしょう。

そして、そのような「近未来」の予報を、先の１ヵ月先までの台風発生予測の例にたとえると、次のようになります。

①Ready：１ヵ月先までの台風発生予測から、台風への備えを準備する

１ヵ月先ではまだ台風が来るかどうかもはっきりとはわかりませんが、それでも、あらかじめ台風が来ることを想定した準備を行うなど、これらの情報を一定程度利用することができるでしょう。

②Set：４、５日予報から、台風襲来時の態勢を整える

４、５日前ともなると、すでに台風は発生し、北上を続け、転向して日本のどの地域に近づくか、といった状況もわかる時期かもしれません。どこにいつ上陸するかまではわからなくても、いつ頃近づくのか、といった点についてはある程度予測をすることができるでしょう。

③Go：短期予報の、上陸地点や上陸時の強度についての情報から、避難計画を立てる

１日前あたりであれば、より正確に台風が明朝はどこに到達するのかを知ることができるようになっていることでしょう。最大風速や降水量などについても、より正確な予報が行われているはずです。

このように、異なる予測情報をうまく活用して、事前準備や災害対応を心がけておくことで、台風災害の軽減に役立てられることが可能となるわけです。そうした日はもうすぐそこに来ているはずです。

もちろん、この「Ready Set Go」は、台風発生予測だけでなく、多くの気象予報に応用できます。たとえば、疾病予報などもその一例です。すなわち、「Ready Set」では、疾病発生予測を行い、「Go」で、ワクチンを用意するといった応用例が考えられます。

コラム17　季節内～季節予報（S2S）プロジェクトとMio博物館（Museum）

世界気象機関は２０１４年に、２週間～２ヵ月程度までの予報改善をめざす国際研究プロジェクト「Sub-seasonal to Seasonal Prediction Project（季節内～季節予報プロジェクト、S２Sプロジェクト）」を10年計画で立ち上げました。今、前期の５年が経過し、後期の５年に入ったところです。

このプロジェクトは、世界天気研究計画（ＷＷＲＰ）と世界気候研究計画（ＷＣＲＰ）の2つの研究組織が合同で設立したものであり、ＭＪＯ、検証、顕著現象、モンスーン、テレコネクション、そしてアフリカの６つのサブプロジェクトから成り立っています。

このプロジェクトでは、S２Sデータベースという、世界の気象機関のアンサンブル予報データが整備されています。予報時間は60日まで、初期時刻から3週間後に、営利目的でない利用であれば、誰でもデータを取得、利用することが可能となっています。

このデータベースを使って、筑波大学の松枝未遠氏が、インターネットの「S2S Museum（http://gpvjma.ccs.

hpcc.jp/S2S/)」というホームページで様々なプロダクトを準リアルタイムで（3週間遅れではあるが）公開しています。もう一つの姉妹Museumである、「TIGGE Museum*04」と合わせて、「Mio Museum」と呼ばれています。S2S Museumのプロダクトの一つに、MJOの予測が載っています。その一例を口絵9に示します。

　また、3・6節でも触れましたが、松枝氏は、別のホームページも立ち上げています。それは、予報期間は2週間先までと短いのですが、世界各国のTIGGEアンサンブル予報データを使って、顕著現象の発現確率を計算したものです*05。そこには、世界の様々な領域での、大雨、暴風、猛暑、寒波などの起きる可能性を表示しています。これは、台風を直接ターゲットにしたものではありませんが、台風の予報進路がおおよそわかる場合には、サイト上で大雨や暴風の起きる確率が高いと示されたところは、台風の影響を受ける地域であると考えていいでしょう。

*04　http://gpvjma.ccs.hpcc.jp/TIGGE/
*05　http://gpvjma.ccs.hpcc.jp/TIGGE/tigge_extreme_prob.html

まとめ

　第4章では、台風の進路予報、強度予報についてお話ししました。「観測のツボ」をドロップゾンデで測ることで予報改善に取り組むお話や、少しずつ異なる初期値から多くの予報を行う「アンサンブル予報」についてもお話ししました。次の第5章では、地球温暖化で台風はどうなるのか、という話題について述べます。

第5章

地球温暖化と台風

100年後の台風は？

5.1 そもそも地球温暖化とは？

最近では毎日と言ってもいいくらい、地球温暖化という言葉を耳にします。米国の海洋大気局は2017年3月に、大気中の二酸化炭素濃度が観測史上最高の405・1ppmに達したことを発表しました。また南極では、過去400万年で初めて二酸化炭素濃度が400ppmに達したことが報じられています。

(1) 地球は人間活動による温室効果気体の増加で温まっている

地球温暖化とは文字どおり、地球が温まってきていることを指していますが、なぜ温まってきているのか、その理由をきちんと押さえることが大事です。1988年に世界気象機関と国連環境計画が設立した「気候変動に関する政府間パネル（IPCC）」は、2013年にまとめた第5次評価報告書で、その原因を「人為起源の二酸化炭素やメタンなどの温室効果気体の排出によるもの」と結論づけ、以下のように述べています。

「1951～2010年の間に観測された世界平均地上気温上昇の半分以上は、人間活動が引き起こした可能性が極めて高い。この評価は、異なる手法を用いた複数の研究から得た確実な証拠によって裏付けられている」。

（2）IPCCの第5次評価報告書の大事な点

ここで重要なことは、「上昇したうちの半分以上は、人間活動が引き起こした」と述べていることと、「その可能性が極めて高い」と述べている点です。前者は、人間活動以外の地球それ自身が持つ自然変動の大きさもきちんと評価することの必要性を示しています。そして後者は、「地上気温の上昇の原因が人間活動によるものであることは本当らしいが、そうだと決めつけてはいない」点です。誤解している人がいるかもしれませんが、IPCCは、ある特定の研究結果を発表したり、結論を出す組織ではなく、過去数年間に世界中で発表された地球温暖化に関する科学的成果を取りまとめる役割の組織なのです。

なぜ二酸化炭素やメタン、水蒸気のことを「温室効果気体」と呼ぶのでしょうか。それは、これらの気体の大気中濃度が増えると、地球を温める効果があるからです。それではなぜ、これらの気体は地球を温める効果を持っているのでしょうか。それは、地面から大気を通って宇宙に抜けるはずの赤外放射を、これらの気体が吸収する性質を持っているからです。

大気の主要成分である窒素や酸素は、赤外放射を吸収しないので、温室効果を持ちません。地面からの放射を吸収した二酸化酸素は、今度は地面に向かって（地球から外向きにも出ますが）赤外放射を出

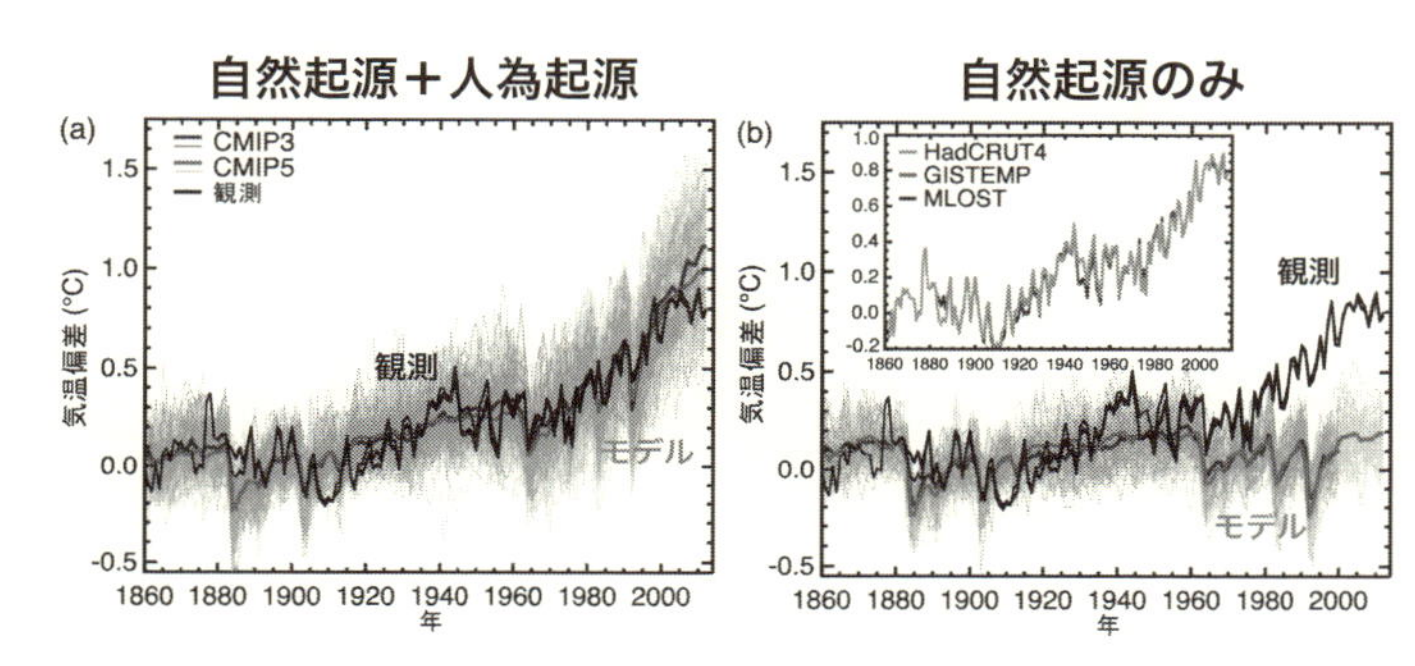

図5.1　温暖化は人間活動の結果である

して地面を温めます。これが温室効果と言われる理由です。簡単な計算を「コラム18　温室効果」に示します。

（3）なぜ温暖化の原因が人間活動の結果と言えるのか？

次に、地球温暖化の原因が産業革命以来の人間活動の結果であると（ほぼ確実に）言えるのはなぜでしょうか。それを示すために、19世紀後半以降の地上気温の変化傾向を、やはり気候変動を再現するための数値モデルを用いて調べてみました。このモデルに、人為起源の二酸化炭素などの温室効果気体の増加傾向と、自然変動（地球の自転変化、火山噴火、海洋の変化、植生の効果、エルニーニョ、太陽活動など）の両者を入れて計算した結果と、自然変動のみで計算した結果を比較したのが図5・1です（IPCC第5次評価報告書第1作業部会技術要約　図TS・9）。自然変動だけの場合（右）には、モデルでほとんど地上気温に昇温傾向が見られないのに対し、自然起源と人為起源のどちらも含んだ場合（左）では、観測とモデルが一致していることがわかります。

今後の地球の温まり具合は、もちろんこれからの人間活動がどれだけ温室効果気体を排出するかに依存しています。排出量が多ければ多いほど、地球の温暖化は加速されます。仮に今排出量をゼロにしても、すでに存在している温室効果気体の濃度のために、しばらくは地球温暖化が続いてしまうということも大事な点です。

（4）温暖化すると地球はどうなる？

ＩＰＣＣでは、４つの排出シナリオが示されました。最も低い排出シナリオは、今世紀後半には排出量をゼロにして、温暖化を2度未満に押さえるものです。最も高い排出量の場合、地上気温は今世紀末には2・6～4・8℃ほど上昇し、最も低い排出量の場合では、0・3～1・7℃上昇の可能性が高い、と述べています。

温暖化すると地球は以下のようになると言われています。

・寒い日が減る
・暑い日が増える
・5日間連続雨が降る頻度が増える
・雨が強くなる

右記の結果は比較的簡単に理解していただけるかもしれません。それでは、台風についてはどうでしょうか。地球の温暖化の原因が人間活動による二酸化炭素の排出量の増加にあることを理解していただいた上で、「温暖化で台風はどうなるのか」という本題に移っていきましょう。

コラム18 温室効果

温室効果とは、温室効果気体により地球が温められる効果のことです。この温室効果気体が地球にないと仮定すると、地球の平均地面温度は、絶対温度２５５Ｋ（摂氏氷点下18度）となります。では最初にこの温度を求めてみましょう。

まず、地球に入ってくる太陽放射を計算してみます。太陽定数をS、地球の反射率をA、地球の半径をrとすると、$(1-A)S\pi r^2$となります。地球から出て行く赤外放射は、地面温度をTsとすると、ステファン＝ボルツマンの法則（全ての物質は、その温度の４乗に比例する赤外放射を出す、という法則）より、σTs^4となります（σはステファン＝ボルツマン係数を呼ばれている）。地球から出て行く赤外放射は地球に入ってくる太陽放射と等しいので、地球が平均的に受け取る単位面積当たりの放射量をIsとおけば、以下のようになります。

$$(1-A)S\pi r^2=\sigma Ts^4=4\pi r^2 Is$$

ここで、$S=1.37\times10^3 Wm^{-2}$、$r=6.37\times10^6 m$、$\sigma=5.67\times10^{-8} Wm^{-2}K^{-4}$、$A=0.3$　を代入すると、Tsは、255K（摂氏氷点下18度）となります。

それでは温室効果気体がある場合には、どうなるでしょう。温室効果気体とは、地球から宇宙に出て行く赤外放射を吸収することのできる気体のことで、大気中では二酸化炭素やメタンなどです。水蒸気も温室効果気体です。ですから、温室効果気体も、宇宙に出て行く赤外放射を吸収するとともに、その気体の温度の４乗に比例する赤外放射を宇宙と地面の双方に出します。すなわち、宇宙に出て行こうとする赤外放射を受け止めて、逆に地面に戻して地面を温める役割を果たしているのです。具体的に地面温度がどのくらい温まるのか、調べてみましょう。

温室効果気体の温度をTgとすると、温室効果気体が受け取る放射は、地面からのσTs^4、温室効果気体から出て行く放射は、宇宙に出るものと地面に戻るものがあり、同じ大きさのσTg^4、受け取る放射と出て行く放射が釣り合うことから、以下のようになります。

$$\sigma Ts^4 = 2\sigma Tg^4$$

一方、地表面での放射収支を考えると、

$$Is - \sigma Ts^4 + \sigma Tg^4 = 0$$

となり、したがって、

$Ts^4 = 2Is/\sigma$　　$Is = (1-A)S/4$ゆえ、　$Ts = 303.3K$（摂氏30度：地面温度）になります。

5.2 台風発生数や強い台風の数はどうなる？

「近ごろ大雨などのおかしな天気の日が増えているような気がしますが、これは温暖化のせいなのでしょうか」という声をよく聞きます。本当にそうなのでしょうか。ＩＰＣＣ（気候変動に関する政府間パネル）は、最近の第5次報告書で「季節平均降水量の乾燥地域と湿潤地域の間での差異や乾季と雨季の差異が増加する確信度は高い」「今世紀末までに極端な降水がより強く、頻繁となる可能性が非常に高い」などと報告しています。

（1）温暖化すると大雨の頻度が増えるのはなぜ？

ではなぜ、温暖化すると大雨の頻度が増えるのでしょうか。この疑問に答えるには、まず、なぜ雨が降るのか、このもっとも基本的な点を理解することが大事です。キーワードは、2・1節で説明した「大気の不安定」です。温暖化した時に、大気の高さ方向の気温分布はどうなるのでしょうか。地面付近の気温は当然のことながら高くなります。したがって、上空の気温が変わらなければ大気は不安定になります。ところが、多くの数値モデルの将来予想は、温暖化すると上空の気温が地表より高くなるために、大気は安定化するとしています。上空での昇温は、地表面で水蒸気が増えるために対流圏の中上層で深い対流による潜熱加熱が強まるためと考えられています。

（2）大気が安定化するのであれば、大雨の頻度は減るのでは？

もし大気が安定化しているのであれば、「温暖化すると大雨の頻度は減るのではないか」と考えがちです。しかし、そう単純な話ではありません。確かに、温暖化が進むと世界中の台風の年間総数は減少すると言われています。これも、大気が安定化するためと考えられています。台風の総数が減るのは大歓迎なのですが、しかし強い台風の比率が増えるとも言われています。

また、大雨の頻度は増えると言われています。わかりやすく言えば、「日照りは続くが、降れば土砂降り」ということです。これはなぜかと言うと、通常は安定している大気が、何らかのきっかけで局所的に不安定になり、積乱雲が発生しやすい環境になると、地面付近が暖かいためにより多くの水蒸気を含みやすくなっているので、大雨の発生に好条件となるためと考えられています。

議論をわかりやすくするために、２つの点を調べてみます。まずは、「これまでの観測データから、台風の変化傾向について何かわかることはないか」という点。そしてもう一つは、「台風の今世紀末の発生数とその強さがどうなるかを、ＩＰＣＣ（気候変動に関する政府間パネル）の第５次報告書（２０１３）をもとに調べる」という点です。まずはこれまでの観測データから台風の変化傾向について調べてみましょう。

5.3 これまでの観測データから台風の変化傾向について言えること

このことでセンセーショナルな発表を行ったのが、２００５年のウェブスター（Webster）らの論文です。彼らの結果を図５・２で見てみましょう。まず彼らは、毎年の台風発生数について変化があるかどうかを調べました。年々変動は見られるものの、年間およそ80個ほど発生しており、それほどはっきりとした長期変動はありませんでした。

（1）ウェブスターらの論文「強い台風が増えている」は本当か？

一方、図５・３をごらんください。１９７０年以降、米国でカテゴリー４（1分平均最大風速が54m/s以上）以上の強い台風が増えています。しかし、この発表に対して、米国だけでなく世界中から批判の声が上がりました。なぜなら、この図は１９７０年以降の変化傾向を見ているのですが、ご存知の通り、静止気象衛星「ひまわり」第1号が運用を開始したのが１９７７年です。世界的にも同じころ静止

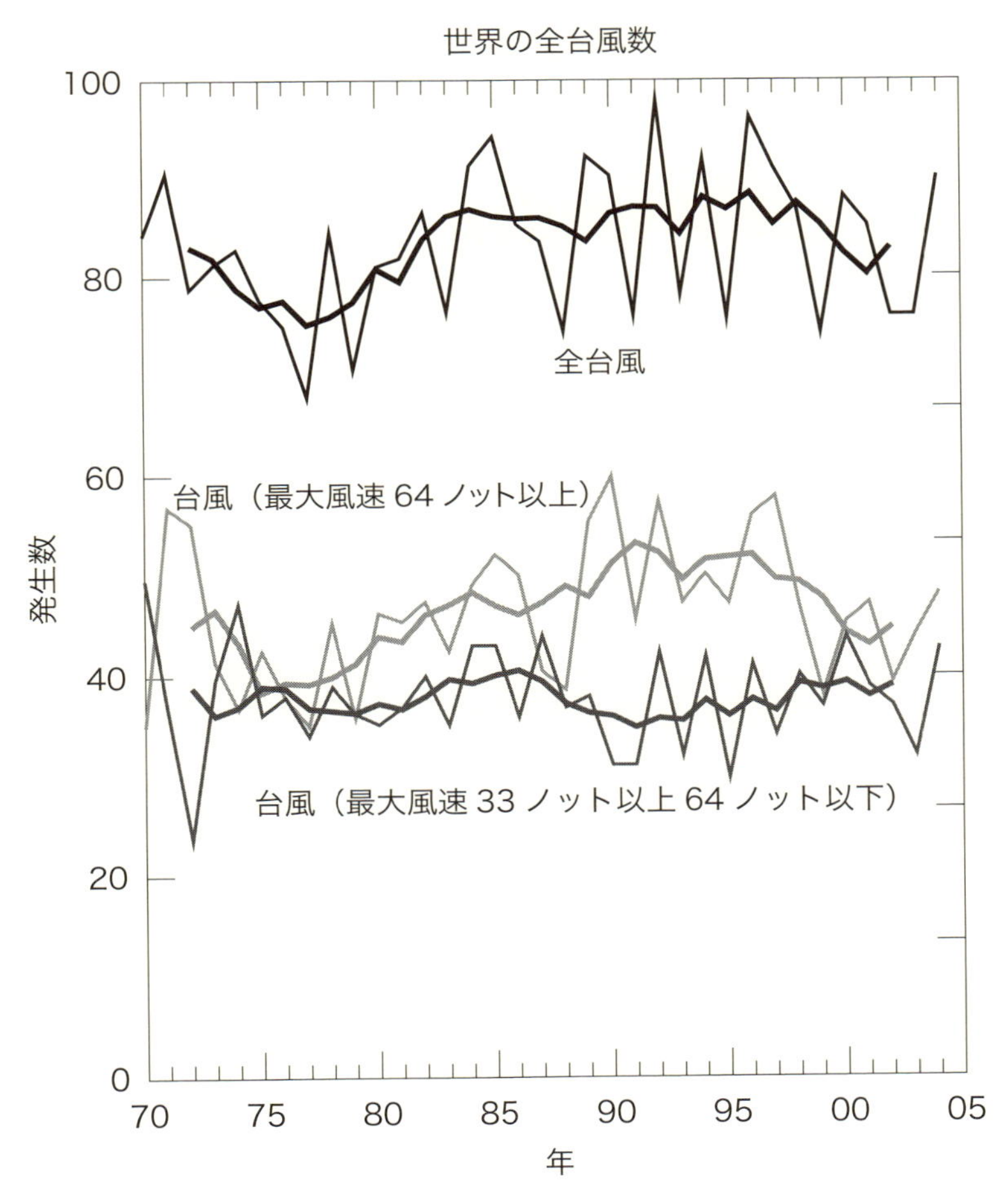

図5.2　全台風数の長期変動（ウェブスターらの論文）

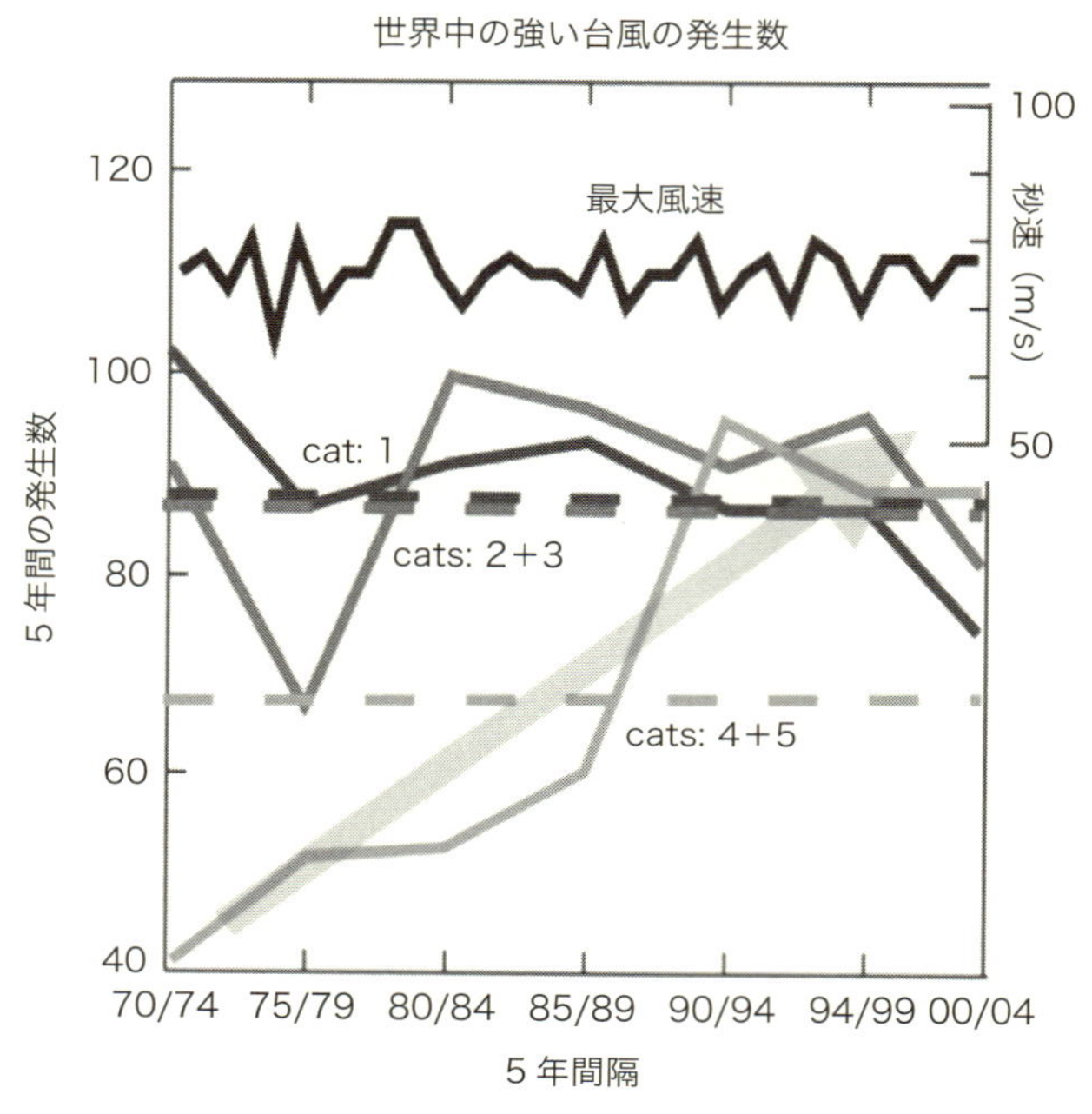

図5.3　強い台風総数の長期変動（ウェブスターらの論文）

気象衛星が打ち上げられています。したがって、１９７０年代には発生数をきちんと議論できるほど、観測網が充実していたとはいえず、１９７０年代に台風が少ないのは、そもそも観測自体が十分行われていなかったためではないのか、という批判です。この批判は多くの人が認めるものとなりました。

（２）日本、アメリカ、香港の異なる結果「強い台風は減っている？」

では次に、日本の南海上や北西太平洋で、強い台風が増えているかどうかを調べた研究についてご紹介しましょう。図５・４は、北西太平洋の台風の長期変化傾向について、日本の気象庁（ＲＳＭＣ）、米国の統合台風警報センター（ＪＴＷＣ）、香港天文台（ＨＫＯ）のそれぞれが解析した

過去の観測：強い台風は増えてる？減ってる？

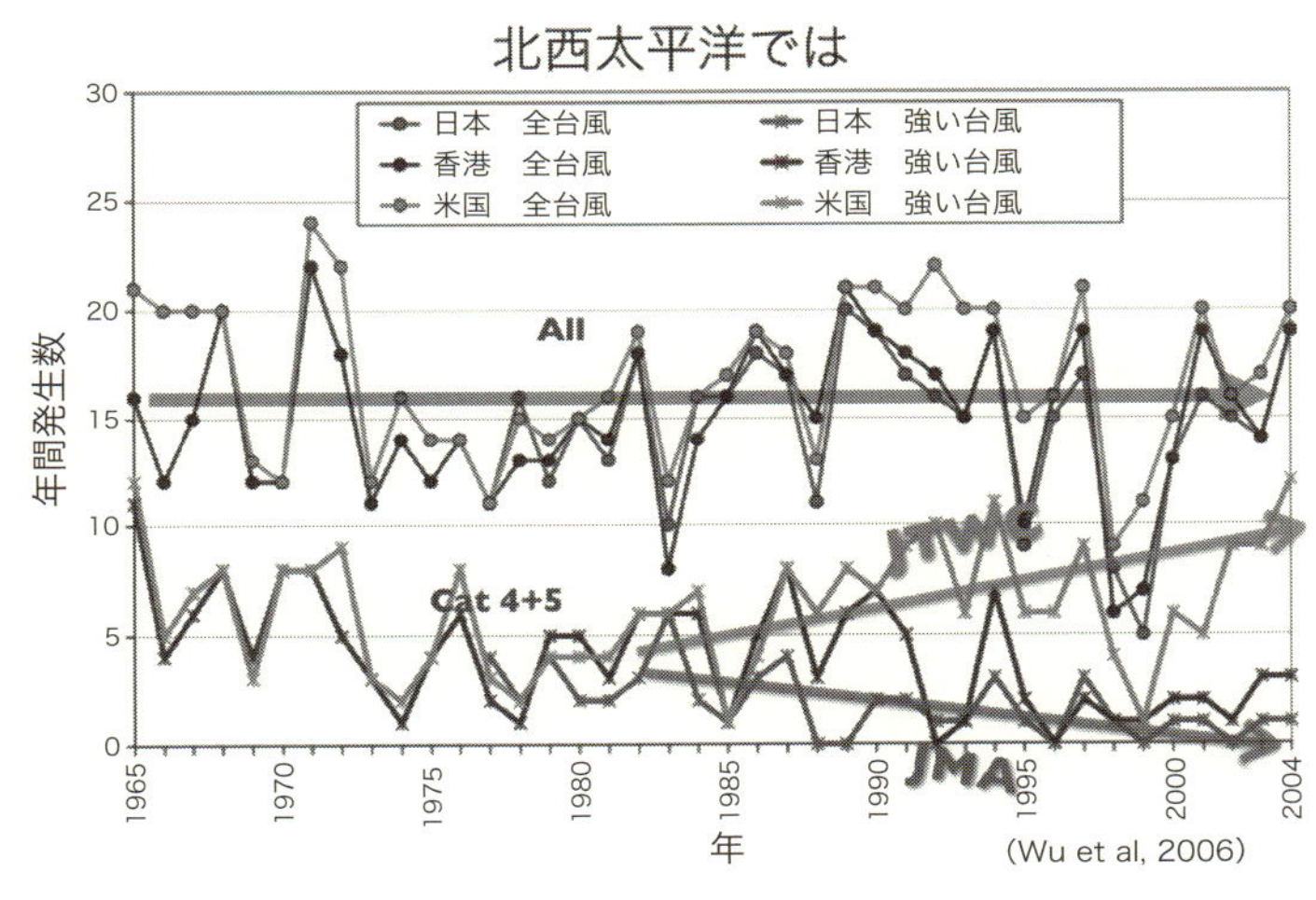

図5.4　北大西洋での台風（最大風速64ノット以上）の長期変動

結果です。この図から、北西太平洋では年間の最大風速64ノット以上の台風発生数は約16個ほどであること（日本の気象庁では北西太平洋での年間平均台風発生数は26個）、カテゴリー4以上の強い台風の個数は、米国の資料では増えてきているとされていますが、日本や香港の結果では、逆に減ってきている結果になっており、全く正反対の結果が出されました。

（3）最近の新しい台風データセットの結果

本来であれば、どこが解析しても同じ結果になるべきところですが、残念ながら、このように解析を行う機関が異なると、結果も異なってしまうのが現状です。この点では最近、地球上で発生する全台風数の変化について、別なデータソースが作成されました。IBTrACsと呼ばれるデータセットです。このデータセットを用いて、1990年以降について調べたものが図5・5です。これによると、図5・2

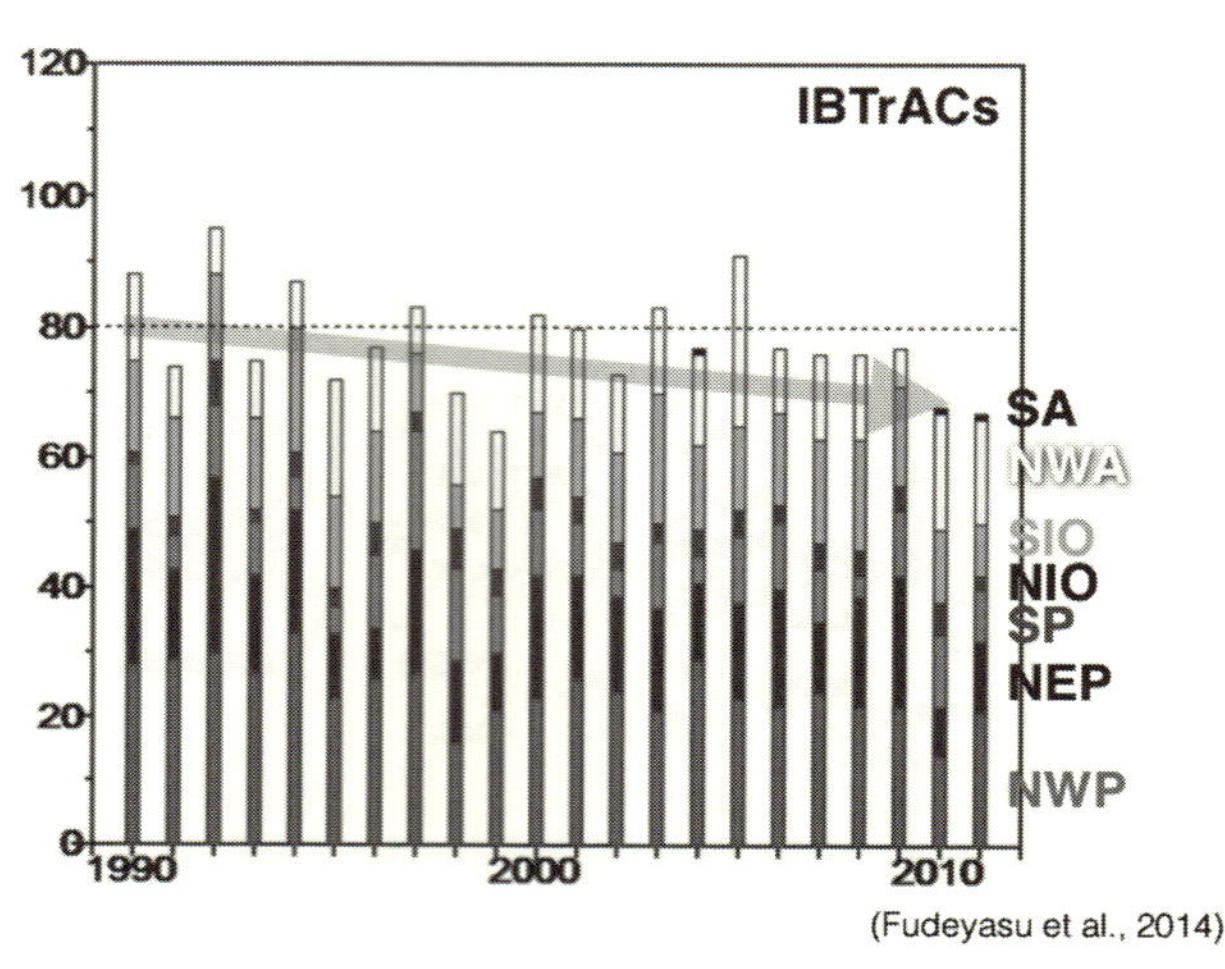

図5.5　IBTrACsの1990年以降の年間台風総数の長期変動

で見たように、世界中では年間80個ほど台風が発生していますが、近年は80個より若干減っているようにも見えます。

(4) 国により台風の最大風速の平均時間に差

ここで、一つ忘れてはいけない問題があります。それは、台風の強さを測る指標となっている最大風速を求めるための平均時間です。世界気象機関では10分平均を取るようになっていて、日本など多くの国はこれに準拠しています。しかし、米国は1分平均、中国は2分平均を採用するなど、国によって異なる平均時間を用いています。こうしたバラツキがあるまま、異なるデータセットを比較するのであれば、どちらかのやり方に合わせて変換係数をかけるなどの作業を行う必要があります。たとえば、日本と米国が北西太平洋で同じ台風の観測をしている場合、米国のデータは1分平均ですから、これを日本の10分平均値と比較しようとすれば、1分値のほう

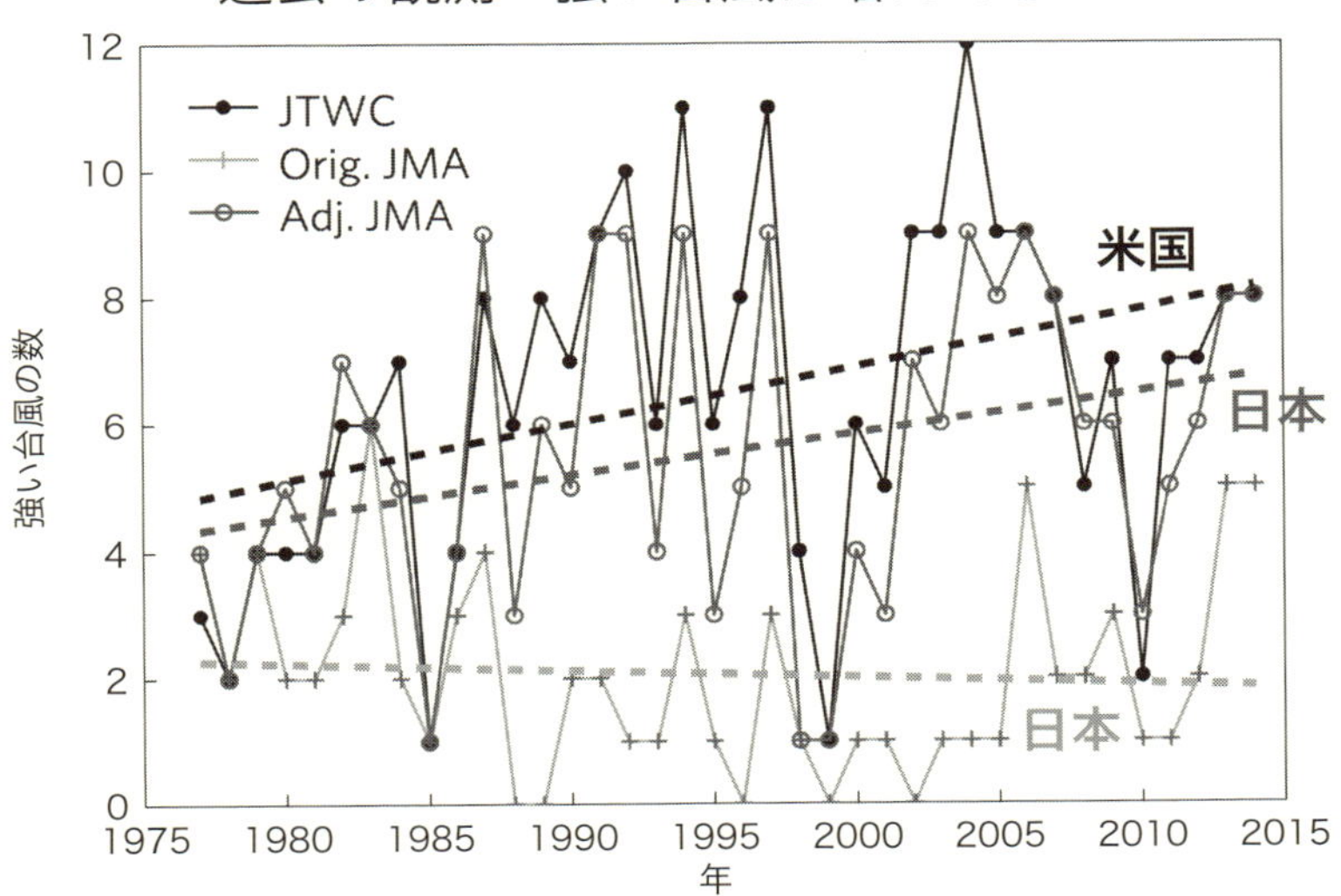

図5.6 メイとシャ（2016）による、北大西洋での強い台風の年々変化

が10分値よりも風速が強くなることから、米国のデータを1分値から10分値(たとえば0・88をかける)に変換する必要があります。あるいはその逆に、日本の10分平均値を1分値(たとえば0・88で割る)に変換する必要があります(0・88は一般的に使われている定数です)。図5・4で述べた強い台風の数の長期変化は、このように変換係数0・88をかけたりして平均時間を揃えて比較したものです。

(5) メイとシャの「目からウロコ」の比較方法

日米の気象機関が調査した北西太平洋でのカテゴリー4以上の強い台風の数の変化について、最近、米国の研究者であるメイとシャ(Mei and Xie, 2016) が、変換係数を用いずに、強い台風の数を比較した結果を発表していますので、紹介させていただきます。まずは彼

らの方法を理解するために、ドボラック法をもう一度おさらいしてみましょう。

台風の強度（最大風速）については、まず衛星データから台風の強度指数を導き出します。強い台風ほど大きな指数値を持ちます。この指数は、台風固有のものですから、同じ衛星画像を用いているのであれば、米国であろうと日本であろうと、国や機関が違っても、同じ値を持つと仮定することができます。

この指数が求まると、あらかじめ用意されている台風の強度との関係を示すテーブルを使って最大風速や中心気圧などの台風の強度を決めることができます。

米国では1分平均の最大風速値が、日本では10分平均の最大風速値が台風の強度指数ごとにあらかじめ用意されています。

これまでの通常のやり方は、日米の台風の強度を比較するのに、変換係数をかけて、1分平均から10分平均に直して行っていました。ところが、メイとシャは、日本の気象庁の最大風速値（10分平均）から、ドボラック法で用いている日本のテーブルを使って、最大風速値に対応する台風強度指数をまず求め、その同じ台風強度指数に対応する米国の最大風速値（1分平均）を米国のテーブルから求めるという手法で、10分平均と1分平均の対応を得ました。実に、「コロンブスの卵」です。彼らが導き出した方法の優れているところは、０・８８といった変換係数を用いることなく、10分平均値から1分平均値への変換が、日米が用いている異なる「台風強度指数—最大風速」対応テーブルを使うことで自動的に行えることです。その結果が図５・６です。

日本の気象庁の元データから求めた強い台風の数（＋）は、長期的にはやや減少しているように見えますが、彼らがやったやり方で求めた数（○）は、米国のデータ（●）と大変よく似た結果になり、強い台風の数がほぼ横ばいかあるいはやや増加している、という結果になりました。

（6）台風以外のデータ（再解析データ）から間接的に台風の変化を知る

さて、実際の台風の観測データは1980年代に静止気象衛星が全球的に展開されるまでは、極めて限られたものでした。したがって、地域的に不均一だった台風の過去の観測データから長期的な変化傾向を求めるには無理があります。一方で、すでに20世紀後半から温暖化が始まっていた事実もあるわけなので、台風の実際の観測データを用いずに、他の観測データから、間接的に台風の長期的な変化傾向を知ることができれば、これらの問題を解決する糸口になります。

その一つの方法として、世界中で観測された地上気温データを使うことが考えられますが、ここでは、大気の安定度（大気の高さ方向の気温減率）の長期変動を調べることのできる、全球長期再解析データを使うこととします。この再解析データは、世界中のありとあらゆる観測データを使い、最新の数値予報モデルや高度化されたデータ同化手法を用いて、長期間にわたって作成された高品質で均質な気象データです。現在は地球上を細かな格子状に区切り、その格子中心の気温、風、気圧、湿度などが一定の時間間隔で用意されています。

膨大な計算機資源が必要なため、全世界的にみて全球長期再解析データを作成している機関は限られていますが、日本の気象庁はJRA-55という再解析データを作成していますし、米国の現業気象機関やヨーロッパの中期予報センター（ECMWF）も作成しています。こうしたデータの中から、今回は

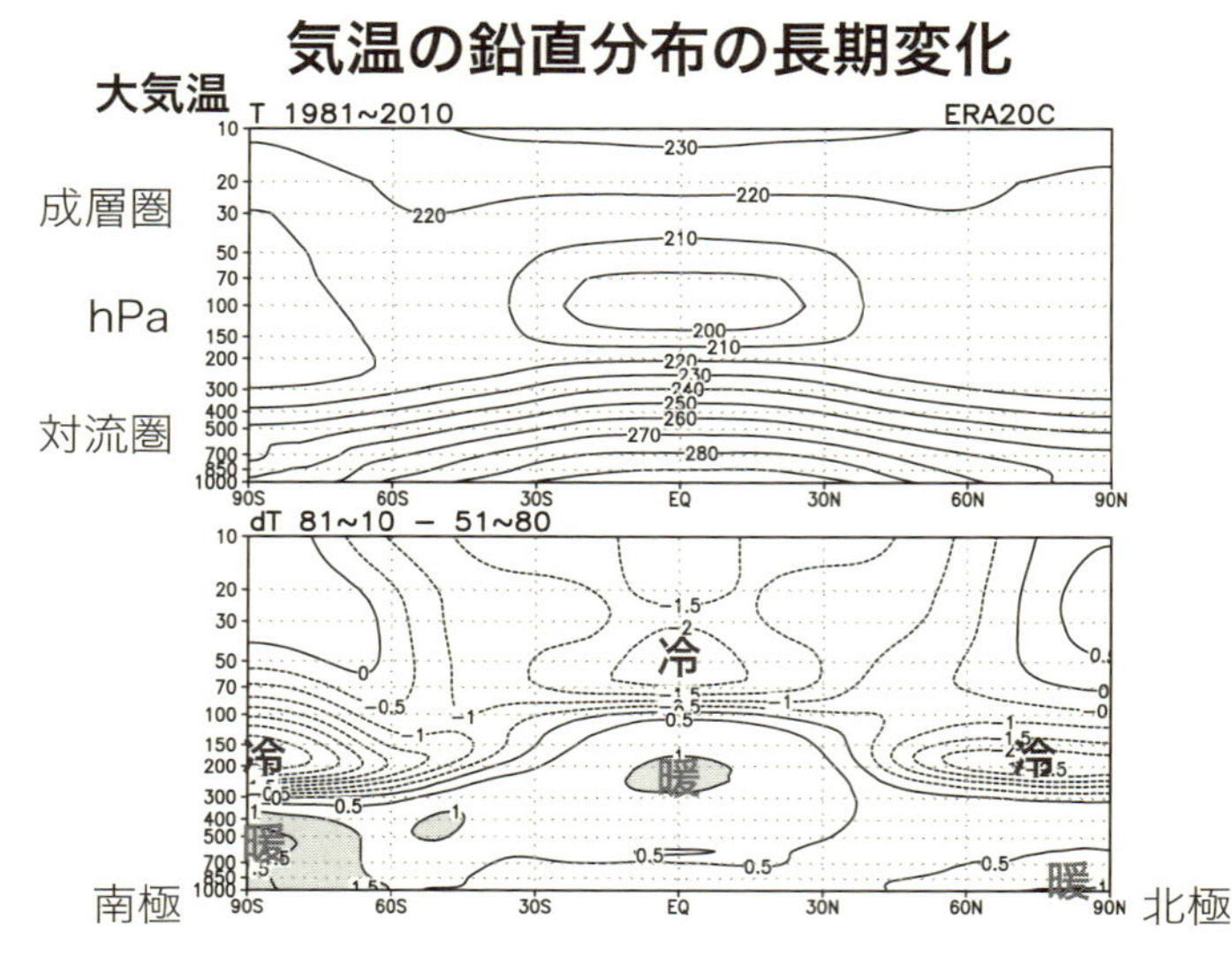

図5.7　経度方向に平均した気温の鉛直－緯度分布
（上）最近の30年平均。（下）最近30年とその前の30年平均との差。

ＥＣＭＷＦの20世紀再解析データＥＲＡ-20Ｃを用いました。

（7）111年間のデータから、気温の高さ方向の分布の長期変化を見る

このデータには、日本や米国の再解析データよりも対象期間が長く、1900年から2010年までの111年間のデータが含まれています。まずはこのデータを使い、気温の長期変化を見てみましょう。

図5・7は、経度方向に平均した、気温の鉛直－緯度分布を示したものです。上の図が、1981年から2010年までの30年平均値。下が、最近の30年（1980～2010年）平均値から、その前の30年（1951～1980年）平均値を引いた差です。

まず上の図では、平均的な気温の高さ方向の分布の描像を見ることができます。熱帯対流圏で暖

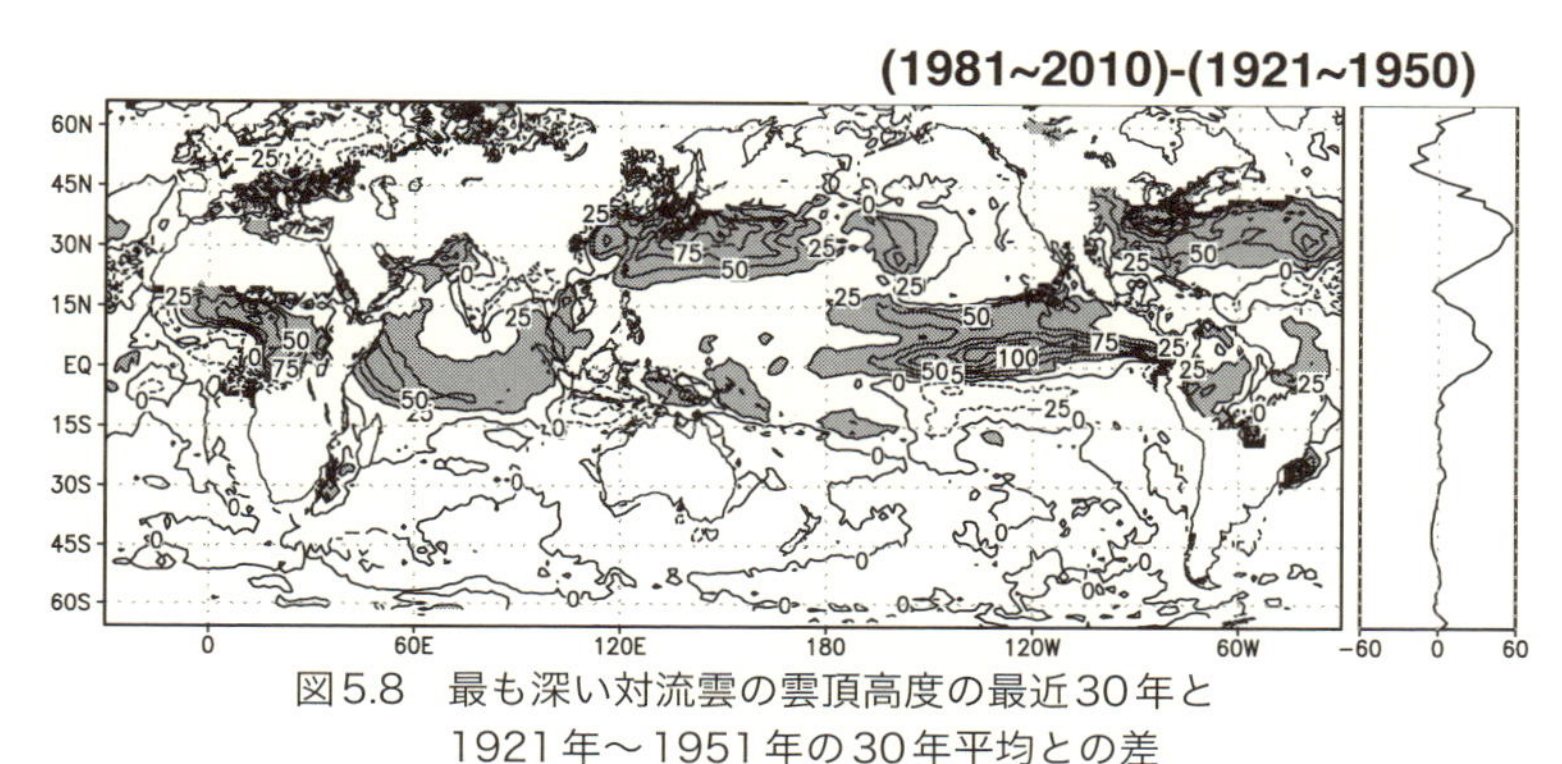

図5.8　最も深い対流雲の雲頂高度の最近30年と
1921年～1951年の30年平均との差
アミのかかった部分は雲頂高度が50hPa以上高くなったところ。

かく、中高緯度で冷たくなっていること、そして熱帯の対流圏界面（100hPa付近）では中高緯度の圏界面よりも気温が冷たいこと、加えて対流圏界面より上層の成層圏では高くなるほど気温が上がっていることなどがわかります。下の図からは、対流圏（対流圏界面より下）では昇温傾向、成層圏（対流圏界面より上）では冷却傾向であることがわかります。また、よく見ると、北緯30度から南緯30度あたりの熱帯対流圏では、200hPaから300hPaあたりに30年間で1度ほど最も昇温している場所があることもわかります。地面付近よりも、対流圏上層の方がより暖かくなっているというわけです。これはつまり、熱帯域では大気はより安定化しているということになります。

(8) もっとも背が高い積雲の到達高度は下がってきている

このことだけとってみても、台風の総発生数が減ってきていることの一つの証拠だと考えられます。しかしさらにもう一つの証拠も考えることができそうです。すなわち、積雲のパラメタリゼーションの方法（荒川―シュバートの方法）から、もっとも背が高い積雲の到達高度の時空間変動を調べてみました。その結

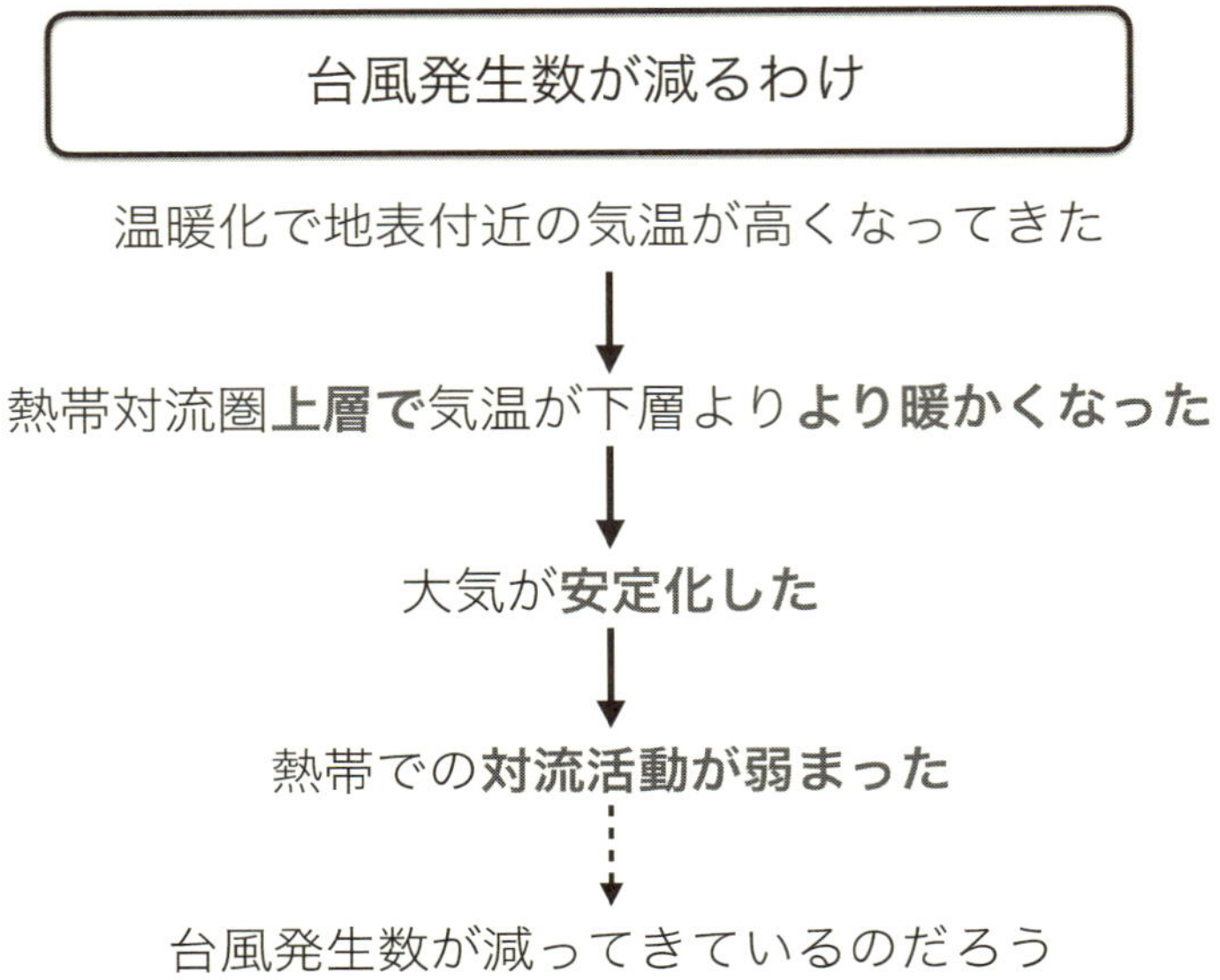

台風発生数が減るわけ

温暖化で地表付近の気温が高くなってきた

↓

熱帯対流圏**上層で**気温が下層より**より暖かくなった**

↓

大気が**安定化した**

↓

熱帯での**対流活動が弱まった**

↓

台風発生数が減ってきているのだろう

図5.9　全球年間台風発生数は減っている？

果、緯度30度以内の熱帯域では、もっとも背の高い積雲は、長期的に時間とともに到達できる高度が低くなってきている（対流が弱くなってきている）ことがわかりました。

図５・８は、最近30年間の北半球夏のもっとも背の高い積雲の雲頂高度が、１９２１～１９５０年までの30年間平均値と比べて、最近の30年ではどう変化しているのかを図にしたものです。点彩域はその変化が50hPa以上大きくなったところを示しています。すなわち、積乱雲の雲頂高度が時間とともに下がってきている場所です。このことから、台風の平均的な（個々の台風ではなく）活動度は時間とともに弱まっている、したがって、全球の年間台風発生数は減少してきていると言える可能性があります。そしてこの点は、大気が安定化してきていることと整合が取れています。

この結果は、温暖化が進みつつある過程の中で、台風それ自体がどのように変化してきているのかを直接証明するものではありませんが、台風が背の高い積雲から構成されていることを考えると、熱帯域での変化は、部分的に台風の総発生数の減少と関連しているとみなすことができそうです。まとめてみますと、図5・9のようになります。

5.4 21世紀末に台風はどうなる？

前節で、過去の観測から台風の発生数や強い台風の数について、わかっていることを見てきましたが、本節では、21世紀末には台風がどうなるのかについて、最新の知見をお話ししたいと思います。

(1) 高解像度モデルで温暖化時の台風を予測　日本の専売特許

「21世紀末の台風は、温暖化のために発生数は減り、強い台風が増える」と言われています。この説は、実は日本の研究者による研究結果に基づいたものです。なぜ日本の専売特許かというと、日本にはご存知のとおり、「地球シミュレーター」や「京コンピュータ」といった世界最高速のスパコンがあるからです。日本はそれらのスパコンのおかげで、世界に比べてより高い空間分解能のモデルを使った先進的な台風の将来予測の研究を行うことができるわけです（コラム16　ＮＩＣＡＭを参照のこと）。

図5・10は、その典型的な研究成果の一つです（Oouchi et al. (2006)）。その頃、温暖化時の地球全体における台風のシミュレーションは、日本の研究を除くと、空間分解能が１００㎞程度でしたが、日本では、地球シミュレーターを利用することで、世界に先駆けて20㎞の実験を行うことができました。

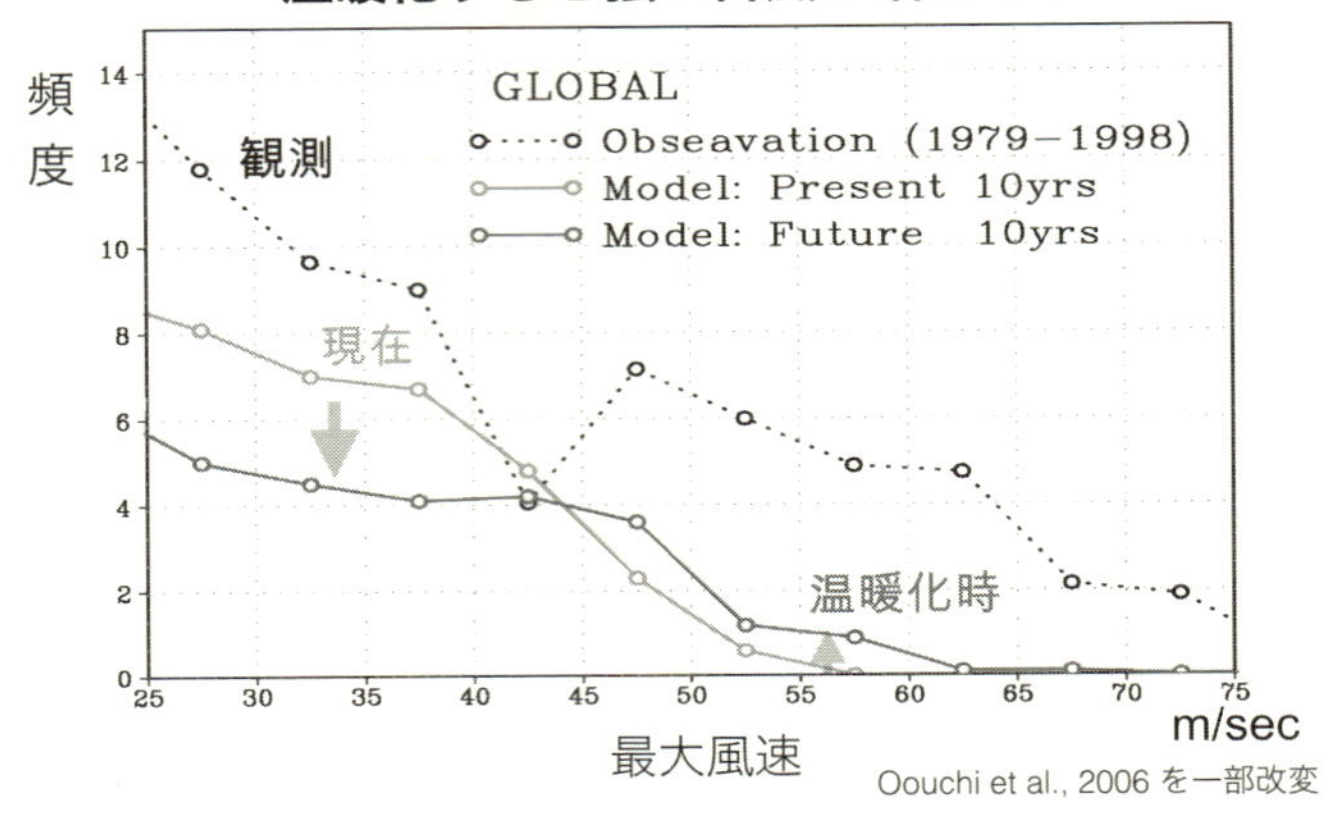

図5.10　温暖化で強い台風が増える（1）

細かい空間分解能で計算できるということは、それだけ台風に伴う積雲対流をより現実的に表現できます。その結果、弱い台風は減り、強い台風は増えることがわかりました。

（2）温暖化時の台風発生総数は増える

もう一つ、名古屋大学の坪木和久教授のグループが行ってきた研究（Tsuboki et al, 2015）は、温暖化時に発生する台風の強度を調べたものですが、強い台風の中から30個を選び、その強度を強い順に並べてみました（図５・11）。図の一番左側に一番強い台風が位置していますが、折れ線は現在と今世紀末における中心気圧と最大風速をそれぞれ示しています。今世紀末には、８５７hPaの中心気圧で、88m/sの最大風速の台風が出現することが読み取れますが、いずれも現在の気候の中で最も強かった台風をはるかに凌ぐ強さを持っていることがわかります。

最近の研究で、大気海洋結合モデルを使った全球の

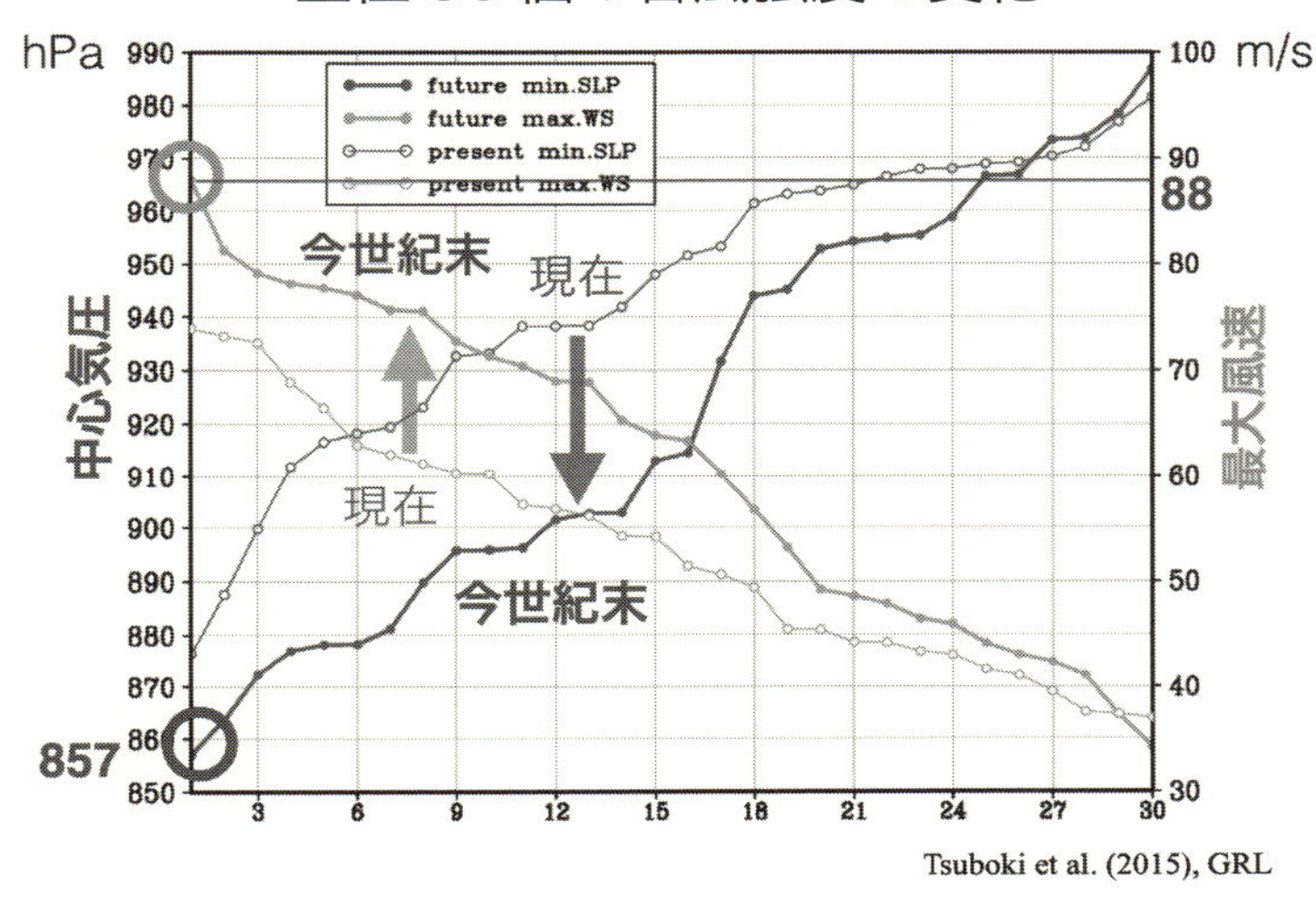

図5.11　温暖化で強い台風が増える（2）

温暖化実験の結果をより狭い領域に適応して（ダウンスケールするという）走らせると、将来気候では台風発生総数は増えるとの結果が発表されています(Emanuel, 2013)。その意味では、まだここで述べた結果は、確定したものではなく、将来変わりうるものです。今後他の国でも、日本のモデル結果と同様な、高分解能のモデルを用いた結果が出始めれば、台風発生総数の将来予測がどうなるのか、よりはっきりした結果が出てくるでしょう。

5.5　ＩＰＣＣの第5次評価報告書より

２０１３年に発表されたＩＰＣＣの第５次評価報告書は、この問題についてどのような評価をしているのかを見てみましょう。ＩＰＣＣは、「21世紀中頃まで」と、「21世紀末まで」の２つの時期についてまとめています。

（１）21世紀中頃までの台風の活動は？

まず最初の「21世紀中頃まで」ですが、「21世紀中頃までに、熱帯低気圧の強度と頻度が変化するかどうか海域規模で行った予測は、全ての海域で不確実性が高い。これは、近未来の熱帯低気圧活動を調べた研究の数が少ないこと、熱帯低気圧活動について発表されている予測間に差異があること、自然変動の役割が大きいことを反映している」と記述しています（ＩＰＣＣ-ＡＲ５-ＷＧ１技術要約　ＴＳ５・４・４予測された近未来の大気循環の変化）。

（２）21世紀末までの台風の活動は？

次の「21世紀末まで」のところでは、「地球全体での熱帯低気圧の発生頻度は減少するか、又は基本的に変わらない可能性が高く、それと同時に地球全体で平均した熱帯低気圧の最大風速及び降雨量は増加する可能性が高い」と書かれています（ＩＰＣＣ-ＡＲ５-ＷＧ１技術要約　ＴＳ５・８・４低気圧）。

それでは、大気が安定化しているのに「強い台風が増える」という温暖化実験の結果は、どのように理解すればいいでしょうか。一見矛盾しているように見えるのですが、すでに「温暖化で大雨の強度は増える」と述べましたが、それと同じ理由だと考えてください。大気は安定化しているのですが、ひとたび台風が発生、発達すると、地表面付近の豊富な水蒸気や暖かい空気により、台風はより強くなることが可能と考えられます。温暖化すると強い台風が増えるわけをまとめると、図５・12のようになります。

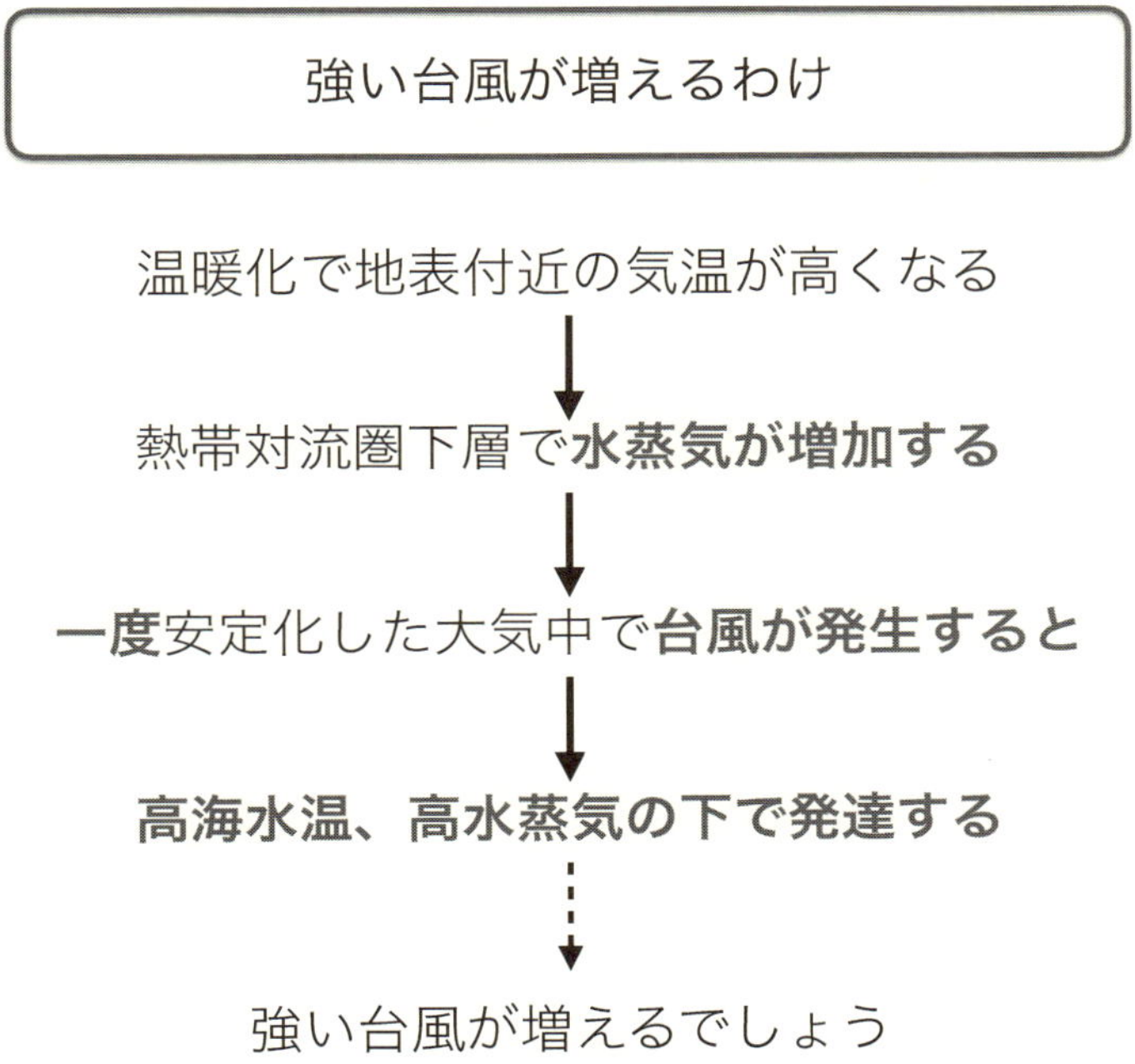

強い台風が増えるわけ

温暖化で地表付近の気温が高くなる

↓

熱帯対流圏下層で**水蒸気が増加する**

↓

一度安定化した大気中で**台風が発生すると**

↓

高海水温、高水蒸気の下で発達する

⋮

強い台風が増えるでしょう

図5.12　温暖化するとなぜ強い台風が増えるか？

温暖化すると真夏日が増えるであろうことは、誰にでも容易に理解できるかもしれませんが、台風の活動度（発生数や強さ）がどうなるかについては、まだまだ今後の研究を待たなければなりません。

そのような中で、IPCC第5次報告書は、温暖化すると陸上における豪雨の回数が増え、1回の降水量も増え、より気象災害が起こりやすくなると警告しています。またその逆に、雨が降らずに干ばつとなる地域が広がることも指摘しています。台風は私たちの暮らす東アジアでは重要な問題ですが、世界的に見ると、水についても深刻な問題となる可能性が極めて高いことが考えられます。こ

5.6　今後の課題

の一点をとってみても、地球温暖化を食い止める必要がありますが、そのためには二酸化炭素の排出削減を積極的に進めていかなければなりません。

まとめ

第5章では、過去の観測と将来予測の２つの点から、台風の発生数と強さがどうなっているのか、また21世紀末にはどうなっていくのかについて調べてきました。

最後に結論をまとめますと、過去の観測から台風の発生数は横ばいか、減っていること、そして、強さについては、十分なデータがないことから、不確定性が高いことがわかりました。

しかし、将来予測としては、発生数は減る一方で、強い台風が増える可能性の高いことがわかりました。ただ、この第5章で述べたことは、まだはっきり確定しているわけではないということは覚えておいてください。多くのモデルでは、人間活動の結果として二酸化炭素が増え、温暖化が進むことを示していますが、温暖化が台風にどのような影響を及ぼすのかについては、まだ不確定要素が大きいと言わざるを得ません。したがって、ここで述べたことは、ひょっとすると将来的には訂正される可能性もあることを忘れないでください。

さて、次の第6章では、台風災害を低減するために、どのような国際協力が行われているのか、そして、今後どのような台風観測が行われる予定なのかについてお話しします。

第6章

台風防災のための国際協力と将来の観測

台風が日本だけでなく、米国や南半球でも同様な熱帯低気圧として存在するのであれば、国際的な協力が行われていても不思議はありません。では、実際にどのような国際協調が行われているのでしょうか。その概要を見てみましょう。

日本の観測体制は遅れてる？

6.1 世界気象機関（World Meteorological Organization, ＷＭＯ）

まず、世界気象機関（ＷＭＯ）についてお話ししましょう。ＷＭＯとは、国連の専門機関の一つで、各国の気象庁の総元締め的な役割を持った組織です*01。その設立目的は、「世界の気象業務を調整し、標準化し、改善し、各国間の気象情報の効率的な交換を奨励し、もって人類の活動に資する」ことと

*01 http://www.jma.go.jp/jma/kokusai/kokusai_wmo.html

なっています。１９４７年９月に世界気象機関条約が*02採択され、１９５０年３月23日に設立されました。毎年この日は世界気象日として、気象知識の普及や国際的な気象業務への理解を促すキャンペーンが実施されています。１９５１年には国連の専門機関の一つとなりました。日本の気象庁も１９５３年に加盟し、その一翼を担っています。現在（２０１９年１月）では、１８６ヵ国と６領域が構成員となっています。

（２）熱帯低気圧計画と熱帯気象研究作業部会

ＷＭＯの下で、台風を専門に扱っているプログラムとしては、熱帯低気圧計画（Tropical Cyclone Programme, ＴＣＰ）と、世界天気研究計画（World Weather Research Programme, ＷＷＲＰ）の下にある熱帯気象研究作業部会（Working Group on Tropical Meteorology Research, ＷＧＴＭＲ）があります。前者のＴＣＰは、台風予報などの現業面での国際的な調整を行うのに対して、後者のＷＧＴＭＲは、次の節で詳しく述べるように、台風やモンスーンに関する研究を国際的に推進し、将来の台風予報の改善に役立てることを目的にしています。

実は筆者も、２０１０年から２０１４年までの４年間、ＷＭＯのＷＷＲＰを進める部局である世界天気研究課の課長を勤めました。世界中の気象関係者や研究者とのコミュニケーションの重要性や大切さ、人間関係の難しさを学んだ４年間でしたが、私自身は「台風やモンスーンをはじめ、気象研究を世

＊02　http://www.mofa.go.jp/mofaj/gaiko/treaty/pdfs/B-S38-C1-047_1.pdf（条約の一部が掲載されている）

界中の研究者と一緒に進めていくんだ」という気概をもって仕事に取り組むことができました。本当に、やりがいのある仕事をさせてもらいました。

この本を読んでいる皆さんの中には、「台風博士」になりたいという人もいるかもしれませんが、あるいは、ＷＭＯをはじめ、国連の専門機関で働いてみたいと考えている方もいるかもしれません。ただ残念なことに、ＷＭＯで働いている日本人の数は極めて限られています。「世界に羽ばたきたい」と考えている人は、ぜひこうしたグローバルな方面の仕事にも目を向けていただき、挑戦していただければ望外の幸せです。まずは、国際連合広報センター*03をご参照ください。

6.2 台風委員会、地区特別気象センター（RSMC）

(1) ESCAP台風委員会

台風委員会は、その正式名称を 国連アジア太平洋経済社会委員会（United Nations Economic and Social Commission for Asia and the Pacific, ＥＳＣＡＰ）／ＷＭＯ台風委員会と言い、ＥＳＣＡＰとＷＭＯの２つの委員会が１９６８年に合同で設立したものです。その設立目的は、北西太平洋と南シナ海での台風被害を最小限に留めるために必要な措置の計画と実施を促進し、調整することです。

本部は、最初はバンコクにありましたが、１９７１～２００６年はフィリピンのマニラに、そしてそ

*03 http://www.unic.or.jp/working_at_un/recruitment/

れ以降はマカオに移り、現在に至っています。２０１７年6月現在、12の国と2領域が参加しています*04。責任範囲としては、東は日付変更線まで、西はマレー海峡まで、南は赤道までです。

台風委員会の仕事の一つに、「台風のアジア名の引退を決める」というミッションがあります。台風のアジア名とは、台風委員会に参加している国や領域が、それぞれ台風の名前を提出し、その中から台風委員会が承認した名称を台風につけるものです。日本からは、星座名*05（２０１９年6月現在、コイヌ、やぎ、うさぎ、かじき、かんむり、くじら、コグマ、コンパス、とかげ、ヤマネコ）が登録されています。

各参加国にはそれぞれ10個までの名前が認められており、12ヵ国2地域の名前を合わせると、現在１４０のアジア名が登録されています。しかし毎年、大きな被害をもたらす台風があるため、その台風名をリストから除外（引退）し、代わりに新しい台風の名前を登録します。

近年、日本が引退させた名前としては、２０１５年の台風第24号「コップ」があります。この台風はフィリピンに上陸して大きな被害をもたらしました。コップ引退後は、「コグマ」が新たにリストに加えられました。また２０１９年には、「テンビン」が引退して、「コイヌ」が、そして「ハト」が引退して、「ヤマネコ」が追加されています。

*04　http://www.typhooncommittee.org/
*05　http://www.jma.go.jp/jma/kishou/know/typhoon/1-5.html

（2）台風委員会より他の地域では？

世界中には、台風委員会のほか、同様の機能を果たす組織として、南インド洋と南太平洋を管轄する熱帯低気圧委員会や、ハリケーンの影響下にある北米・カリブ海諸国が参加するハリケーン委員会などがあります。また、台風の発生や進路など、台風の移動や発達予測について域内の国々に情報を提供する機能を持つ、熱帯低気圧地区特別気象センター（Regional Special Meteorological Centre – Typhoon Center，ＲＳＭＣ）も各地域ごとに存在しています。

北西太平洋と南シナ海の台風地域では、日本の気象庁のアジア太平洋気象防災センター内に、RSMC Tokyo が置かれて活動しています*06。

6.3 熱帯低気圧に関する国際ワークショップ

台風に関してのユニークな国際会議「熱帯低気圧に関する国際ワークショップ、International Workshop on Tropical Cyclones，ＩＷＴＣ」が、４年に1回開かれています。何がユニークかというと、この会議は、研究者だけでなく予報官も参加して、過去４年間の台風に関する予報業務、研究の成果を取りまとめ、今後４年間に強化すべき課題、方向性を議論する場として開催されていることです。そしてさらにユニークなのは、会議のまとめとして、ＷＭＯや研究コミュニティ、さらに予報現業コ

*06 http://www.jma.go.jp/jma/jma-eng/jma-center/rsmc-hp-pub-eg/RSMC_HP.htm

ミュニティに対して、それぞれ勧告が取りまとめられることです。

前回第8回（2014年）は韓国済州島で、そして第9回（2018年）はホノルルで開かれました。ＩＰＣＣほど大規模ではありませんが、会議の目的は似ています。予報官から1人、研究者から1人選出される共同議長が、会議運営に関して責任を持っています。ちなみに、前回のプログラム[*07]では、「発生と強度変化」「コミュニケーションと効果的な警報」「構造と構造変化」「より長いスケールで見た台風」などのテーマで議論が行われました。

こうした議論のなかからどのような勧告が行われているか関心のある方は、その内容は英語ですがインターネットで閲覧できるので、ぜひご覧ください。[*08]

6.4 国際共同研究プロジェクト

（1）2008年T-PARC国際観測プロジェクト

台風のための国際共同研究プロジェクトは、これまでに何回か行われています。一番最近のものとしては、「T-PARC（THORPEX-Pacific Asian Regional Campaign）」と呼ばれる国際プロジェクトがありました。2008年の夏から秋にかけて実施されたこのプロジェクトでは、航空機によるドロッ

*07　http://www.wmo.int/pages/prog/arep/wwrp/tmr/IWTC8.html
*08　http://www.wmo.int/pages/prog/arep/wwrp/tmr/documents/ListofRecommendations.pdf

プゾンデ観測により、台風の進路予測精度を向上させることが目的の一つに設定されました。

このプロジェクトでは、日本の貢献が大きかったと言えます。具体的には、①ドイツ、韓国、カナダなどと一緒に台風観測のための航空機を準備したこと、②静止気象衛星の高頻度観測を行ったこと、③気象観測船を展開したこと、④感度解析を行って航空機の飛行計画に寄与したこと、などがあげられます。

(2) T-PARCⅡ

現在名古屋大学を中心として、台風の強度予測の改善を目指したプロジェクト「T-PARCⅡ」が取り組まれていますが、この観測計画は台湾のDOTSTARと協調して実施されています。東京オリンピック・パラリンピックが開催される2020年までこのプロジェクトは行われる予定ですが、この最終年に、米国や台湾、韓国、フィリピンに日本も加わって、台風の国際的な観測実験計画「PRECIP2020 (Prediction of Rainfall Extremes Campaign in the Pacific, 太平洋豪雨予報観測計画)」が予定されています。

コラム19　台風メーリングリスト

世界中の科学者や予報に携わっている人たちが、台風について熱心に議論しているメーリングリストがあります。もちろん用いられている言語は英語だけですが、ここに登録することにより、そこで行われている議論に参加することができます。登録は、「http://tstorms.org/」から行うことができます。一度登録すれば、「Tropical-storms@tstorms.org」にメールを出すだけです。台風に関することで議論したいこと、疑問に思っていること、最近出版された論文などなど、どんなテーマや内容でもコンタクトすることができるようになります。

ただし、気をつけてほしいのは、あくまで台風の研究をしている人や台風の予報に携わっている人のためのメーリングリストです。単に、台風に興味があるとか、もう少し台風について勉強したいという人は参加できないそうですので、ご注意ください。同様なメーリングリストが、国内にもあります。「台風クラブ」と言います。こちらは、日本語で参加できます。参加資格は、以下のとおりです。

① 気象業務に従事する者、及び研究・教育機関にて台風及びそれに関連する事象についての研究・教育に従事している方。

② ①と同等またはそれ以上の知識・経験を持つとメーリングリスト管理者（ty-club-admin@mri-jma.go.jp）が認めた方。

参加するには、「ty-club-admin@mri-jma.go.jp」へメールで登録申し込みをします。メールの件名を「台風クラブ参加希望」とし、本文に氏名、所属、メールアドレスを明記することになっています。まずは記事が配送されるだけで投稿権限のない会員として登録されます。

6.5 新しい台風観測

（1）日本の立ち遅れ　台風を直接観測する測器がない

台風の現地観測、直接観測という点では、日本は非常に立ち遅れています。まず、自前の航空機を持っていません。それと関連して、台風を直接観測する測器も十分とは言えません。この点では、台風を観測するための航空機と、観測機器を自前で持つことがとても重要だと考えています。それは、現在衛星から推定されている強度の検証というだけでなく、台風の維持機構の解明などの科学的な研究課題を理解するためにも必要だからです。

まだ実現していませんが、私の所属している日本気象学会では、他の学会と共同で地球観測専用の航空機を導入して、共同利用の航空機観測を実施することにより、気候・地球システム科学研究の飛躍的発展を目指しています。この計画の中では、台風の観測は、温室効果気体や、エアロゾル・雲の観測などと並び、重要なテーマの一つとなっています。台風の観測によって期待されている研究としてはまず、T-PARCで目指した、最適観測法（航空機などからドロップゾンデを「観測のツボ」である高感度域に落として予報改善を目指す方法）の有効性を確認することがあげられます。T-PARCでは主に、進路予報の改善のための高感度域に着目しましたが、TPARC-IIでは、強度予測の改善のための高感度域調査の可能性を探る研究を進めています。

（2）ドロップゾンデの役割

台風の観測に、ドロップゾンデの果たす役割は大きいものがあります。それに加えて、様々な最新鋭の測器が台風観測に用いられています。３・３節で触れたＳＦＭＲは海上風を測る航空機搭載型のマイクロ波放射計ですが、最近では、直下だけの海上風を測定するのではなく、面的に海上風を測ることのできる測器も開発されています。たとえば、これも３・３節で触れましたが、ＷＢ-57に搭載されたＨＩＲＡＤ（Hurricane Imaging Radiometer）や、Global Hawk に搭載されているＨＩＷＲＡＰ（High Altitude Wind & Rain Airborne Profiler）がこれにあたります。これらの新しい測器が北西太平洋の台風の観測に用いられるようになれば、ドロップゾンデに加えて、台風の研究と台風の予測という点で、大きなインパクトを持つものとなることでしょう。

（3）日本でも自前の航空機で台風観測を！

台湾の台風観測実験計画であるＤＯＴＳＴＡＲの航空機による台風観測費用は、年間1億円だそうです。日本で実現できない金額では決してありませんし、人的な被害、経済的な損失などを考慮すれば、高くはない金額ではないでしょうか。近い将来、日本が自前の航空機を使って台風を直接観測し、台風に関する詳細なデータを取得することで、台風の研究を進展させると同時に、衛星の観測データとの比較検証を行うことで、強度推定の精度が上がり、台風の進路予報、強度予報が改善されることは、台風による人的、物的、そして経済的な被害を最小限に留めることにもつながります。ぜひともこうした取り組みを実現させたいと考えています。

（4）将来の測器：衛星搭載のドップラーライダー

今後期待される衛星搭載のマイクロ波センサーとして、ドップラーライダーをあげておきます。このセンサーを用いると、地球規模で三次元的に風の場を観測することができるようになります。たとえば、欧州が２０１８年８月に打ち上げたＡＬＡＤＩＮ（Atmospheric Laser Doppler Instrument, 大気レーザードップラー測定装置）がこれにあたります。

欠点としては、雨雲や厚い雲域では観測ができません。したがって、台風の近くでは風が求まらないことになりますが、それでも、台風の移動には、台風の周辺の風の分布が大事なので、台風の進路予測の向上には寄与することが期待されます。また、２０２４～２０２７年頃には、アメリカと日本で連続して複数のライダーの打ち上げが提案（気象研究ノート第２３４号）されていますから、台風を含む熱帯での予報改善へのインパクトが期待されます。

6.6 新しい台風予測―２ヵ月先までの台風の発生予報も夢ではない？

（1）2カ月先までの台風の発生予報

台風の予報には、位置予報と強度予報があることはすでに述べました。それに加えて、最近注目されているのが発生予報です。この発生予報にはいくつかのアプローチがあります。１ヵ月先に北西太平洋で台風が発生する確率の予報や、数日先の台風発生の予報などがこれにあたります。

前者の例として、ＥＣＭＷＦの予報結果をすでに紹介しました。その事例が示すように、１ヵ月後の

台風の発生を予報することがすでに現実のものとなりつつあることを示しています。一つ付け加えるとすれば、現時点では30日先までの台風発生であれば、ある程度精度よく出すことができていますが、それより長いリードタイム（たとえば2ヵ月先）の台風発生を確率的に予測することができるようになる日も、それほど先の話ではないかもしれません。

（2）短時間予測の高精度化

もう一つは、短時間予測の高精度化についての話です。最近では「京（けい）」コンピュータ＊09により、高速な計算が可能となってきています。さらに、「京」の後継コンピュータ、「富岳」が稼働予定とのことです。たとえば、理化学研究所計算科学研究センターのチームリーダーである三好建正氏は、フェーズドアレイ気象レーダーと呼ばれる最新のレーダーのデータを１００ｍメッシュで30秒ごとに取り込んで「京」コンピュータの予測モデルを走らせ、30分後の豪雨を再現することに成功しました。現状としては、膨大な計算量が必要であるため、まだリアルタイムで予測をするところまでは達していないようですが、このようなビッグデータを用いた予測が行えるのは画期的なことです。

台風の事例についても、台風が接近してきたときに、三好氏の手法を用いて実際に、どこで、いつ大雨が起きるのか、さらには、どこの川で氾濫や洪水が起きるのかといった予測が行えるような時代がすぐ先にきているのかもしれません。あるいは、30分後の豪雨の予測からさらに進んで、1日先、2日先

＊09　http://www.r-ccs.riken.jp/jp/k/

の予測まで行える日もそんなに遠くはないかもしれません。

まとめ

本章では、台風に関する国際協調についていくつかの枠組みのあることをご説明しました。また、新しい台風観測や台風予測についても私見を述べさせていただきました。特に、台湾、香港、韓国などと同じように、日本でも台風専用の観測用航空機をぜひ導入したいと考えています。

さて、第７章では、台風災害を減らし、犠牲者がゼロになることをめざして、気象庁が力を入れている最近の取り組みなどについて紹介します。

第７章

台風災害を減らすには

最後に、台風災害を減らすには何が必要なのかについてお話しします。まず、「自分の命は自分で守る」と同時に、地域ぐるみでの「共助」の重要性、そのためには、ご近所の方々との日頃からのつながり、助け合いが大切であることをお伝えしたいと思います。

また、災害を減らし、犠牲者をゼロにすることを目指して、気象庁が力を入れている最近の取り組みについても紹介します。犠牲者をゼロにするためには、気象庁の努力だけでなく、その努力を住民の皆さんにしっかりと受け止めていただくことも不可欠であることを強調しておきたいと思います。

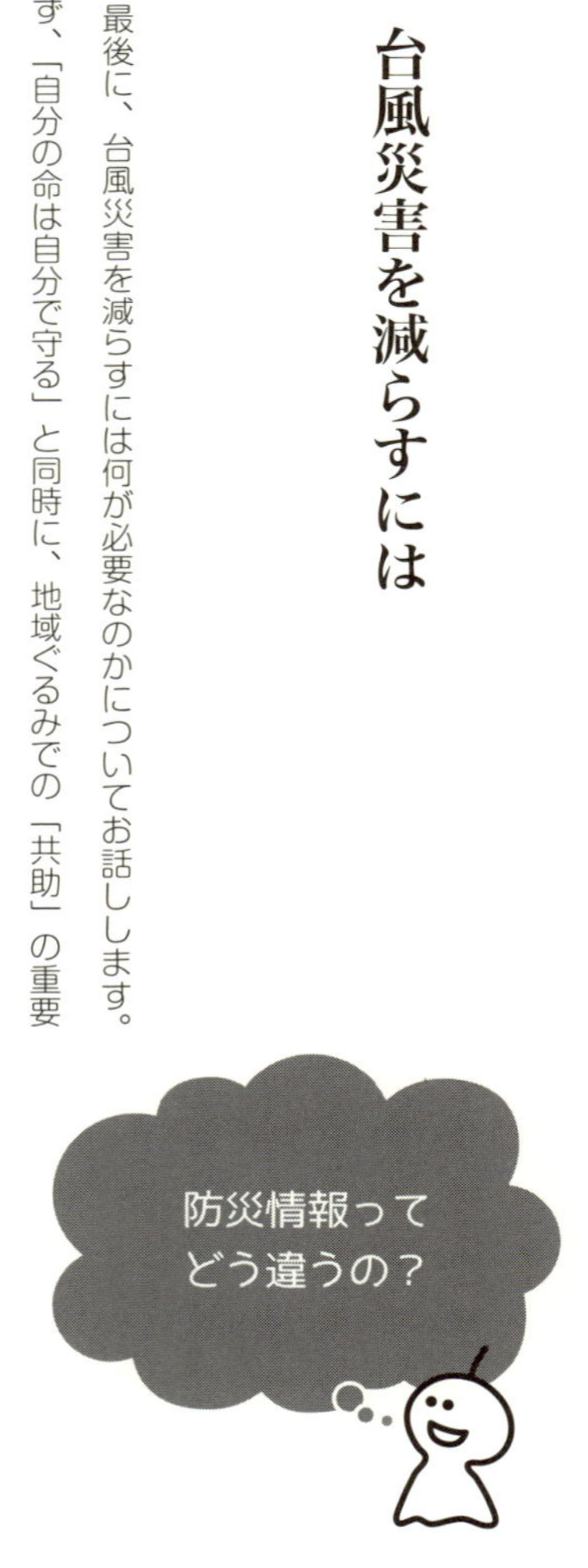

7.1 主な台風災害

台風災害と一口に言っても、それは多岐にわたっています。台風それ自体によってもたらされる気象としては、大雨、暴風、高潮・高波だけと言ってもいいのですが、それらに付随して、以下のように多くの様々な被害が起きます。

【大雨】

＊洪水
＊河川の増水・氾濫
＊浸水
＊家屋の全半壊・流失
＊土砂崩れ・土石流
＊道路や橋梁の破損・流失など

【風】

＊列車の転覆
＊電気通信網の被害
＊樹木の転倒
＊重要文化財の破損
＊沿岸域での塩害

＊家屋の倒壊
＊竜巻による被害
＊フェーン現象による大火
＊船の難破など

【高潮・高波】
＊海岸堤防の決壊
＊家屋の崩壊・流失
＊浸水など

大雨と暴風は、たとえば梅雨末期の集中豪雨時や、猛烈に発達した温帯低気圧でも起きますから、台風に特有のものとは言えませんが、高潮・高波は、台風によるものが多いようです。これまでの高潮被害を見てみても、１９４５年の枕崎台風、１９５０年のジェーン台風、１９５９年の伊勢湾台風、１９６１年の第二室戸台風、そして最近の例では大阪湾で記録的高潮を記録した、２０１８年の台風第21号などをあげることができます。

また、海外でも、２００５年のカトリーナ（米国）、２００８年のナルギス（ミャンマー）、２０１２年のサンディ（米国）、２０１３年のハイヤン（フィリピン）など、いずれも高潮による大きな被害が出ています。近年は、防潮堤の整備が進んだ結果、高潮による被害者（死者、行方不明者）の数は減ってきているとは言え、台風による高潮被害は今も起きていますし、被害者がゼロというわけではありません。

7.2 大雨や強風、高潮の予報が良くなれば被害者はゼロになるか？

（1）予報が良くなるだけでは被害者はなくならない

台風の位置予報や強度予報が正確になれば、台風災害による被害者はなくなるでしょうか。今の時点での答えは「ノー」です。将来この答えを「イエス」とするためには、いくつかの条件が必要です。それは、気象庁の側が頑張らなければならない部分と、住民の側が注意すべき部分という、2つの側面があります。本節では、前者に該当する、予報それ自体の難しさから来る問題点について述べます。そして、次の7・3節では、気象庁の被災者ゼロをめざす取り組みについて見ていきます。さらに7・4節では、地方自治体の防災担当者が注意すべき点を、7・5節と7・6節では、住民が気をつけなければならない注意点について触れます。

（2）気象予報の他にも水文モデルが必要

大雨、強風、高潮などは、予報が可能ですし、それらはすでに行われています。しかし、土砂崩れ、土石流、洪水、河川の氾濫などは、台風等による大雨に起因する災害であり、これらが起きるかどうかを正確に予報するためには、まだそれなりの年月が必要と考えられていました。なぜなら、これらの災害の発生については、天気だけでなく、地面状態や、土壌の種類とその保水状態、堤防整備などの治水状況なども深く関係しているからです。それでは、気象庁は何もしないで手をこまねいていたかというと、全くそうではありません。7・3節で述べるように、さまざまな情報を提供することで、これら大雨に起因する災害の低減に向けた取り組みを積極的に行ってきています。

まだ予報にそれほど信頼性がないとき（当たったときもあるが、外したこともあったという状態のとき）には、予報をどこまで信じていいのか、疑問視してしまう状況も出てきます。難しいのは、予報の信頼性に対する認識が人によって異なることです。気象庁が発表する10回の予報のうち、９回が当たり１回を外した場合、「よく当たっている」と思う人もいれば、「１回外せば予報の信頼性はない」と判断してしまう人もいるからです。

（３）減災のために何をすべきか

このような状況を払拭するためには、外れることを恐れず、雨や風などの気象予報だけでなく、土砂崩れ、土石流、洪水、河川の氾濫などの予測に取り組むことも極めて大事です。しかし、これらの予測は、水文学と呼ばれる学問分野に属するもので、気象予報と水文学を組み合わせた予測モデルの開発はまだ発展途上といってよい状況にあります。そこで、気象庁では、７・３節で述べるように、比較的簡単な水文モデルを用いて土壌雨量指数や流域雨量指数などを求め、これまでに災害が起きたかどうかも参考にしながら、土砂災害が起きる可能性が高いかどうかを判定したりして、減災のための情報を流すようにしています。

7.3 1人の犠牲者も出さないことが気象庁の使命。警報、情報にご注意を

日々の天気予報を提供することは、気象庁の重要な仕事の一つです。そして、気象庁の使命として最も大事なものは何かと問われれば、それは、災害が起きた時に、1人の犠牲者も出すことがないように、適切な情報をわかりやすく適切なタイミングで提供することだと考えています。そのために気象庁では、防災気象情報を住民の皆さんにわかりやすく提供できるように、その改善に日夜取り組んできました。台風や大雨に関連した、最近の防災気象情報の中で、重要な役割を果たしている「特別警報」「警報」「各種情報」について、さらに、「危険度分布」や「警戒レベル」についてご説明します。

天気予報は、各都道府県をいくつかに分けた一次細分区域単位で発表しますが、特別警報や警報は、市町村（東京特別区は区）を単位に発表されます。

以下でご紹介する警報や情報は、気象庁のホームページでももちろん見ることができますが、最近ではdボタンのあるテレビであれば、NHKチャンネルから簡単に見ることができるようになっています。dボタンを押すと、「防災・生活情報」の画面が映し出されますので、そこから必要な情報（警報・注意報、台風・全般気象情報、河川水位・雨量情報、気象レーダーなど）を得ることができるようになっています。インターネットに不慣れの方でもすぐに防災情報を知ることができるので、ご活用ください。

①記録的短時間大雨情報

まず、歴史的に古い「記録的短時間大雨情報」から始めていきましょう。この記録的短時間大雨情報は、1982（昭和57）年7月に起きた長崎市を中心とした大雨（正式名称を「昭和57年7月豪雨」と

呼びます）を契機に新設されました。このとき長崎市では、この豪雨が起きる前、７月だけで４回もの大雨洪水警報が出されました。その際に地元から、「警報慣れを防ぐために、より一層の警戒を呼びかけるようなものを出してほしい」との要望があり、それで設けられたものです。

この記録的短時間大雨情報は、数年に一度の大雨を観測した場合に出されることになっています。

②土砂災害警戒情報

「土砂災害警戒情報」は、２００５（平成17）年９月に、まず鹿児島県において運用が開始され、２００８（平成20）年３月には全都道府県で発表されるようになりました。この情報を出すにあたっては、２つの指数（長期降雨指標として土壌雨量指数を、短期降雨指数として１時間積算雨量）を縦軸と横軸にとり、その二次元の上に、土砂災害発生危険基準線（ＣＬ）をまず計算しておきます。ＣＬとは、過去に土砂災害が発生したか、しなかったかの境界であると理解していただければいいでしょう。

１時間積算雨量は大したことがなくても、直近に降った雨によって土壌雨量指数が大きな値を持っている場合、少しの雨でも土砂災害が起きる確率が高くなります。逆に、土壌雨量指数が大きくなくても、１時間積算雨量が大きければ、やはり土砂災害が起きる確率は高くなります。

土砂災害警戒情報は、大雨警報の発表中に、土壌雨量指数と１時間降雨予測から、ＣＬを超えると予測される時、すなわち、１時間積算雨量、あるいは土壌雨量指数がある閾値（過去に災害が起きたことがある）を超える時に出されることになっています。

この情報をより一般の方にわかりやすくお伝えし、避難のために役立ててもらうために、気象庁では２０１３（平成25）年６月より土砂災害警戒判定メッシュ情報を提供しています。このメッシュ情報は、大雨による土砂災害発生の危険度の高まりを、当初地図上で5km四方の領域ごとに5段階に色分けして提供していましたが、２０１９（令和元）年6月からは1km四方に高解像化されました。このメッシュ情報により、常時10分ごとに、どこで危険度が高まっているかを把握することができます。

③土壌雨量指数、流域雨量指数

気象庁では、２００８（平成20）年5月より、大雨や洪水の警報の基準に、土砂災害や水害の発生と良い対応のある指標として、「土壌雨量指数」と「流域雨量指数」を導入しました。土壌雨量指数とは、降った雨が土壌中の水分として貯まっている量（土壌水分量）を、タンクモデルから推定して得たものです。

また、雨が降ると流域に降った雨が河川に流れ込み、下流へと流れていきます。そのため下流で降った雨が少量でも、上流域の雨の量が多ければ洪水の危険度は高まります。また洪水の危険度が高まる時刻も、流域の地形や雨の降りかたによって異なります。このように、流域で降った雨の量や流下する時間などを考慮に入れ、洪水の危険度を表現したものが「流域雨量指数」です。

これらの指数の導入により、前者は、土砂災害の、後者は洪水災害の危険度をより高い確度でとらえられるようになりました。

④特別警報

特別警報は、２０１３（平成25）年8月から運用が始まりました。この特別警報は、２０１１（平成23）年の東日本大震災の大津波や、２０１７（平成29）年の九州北部豪雨など、警報の発表基準をはるかに超えるような、数十年に一度の大災害となる恐れが大きい時に発表されます（大雨だけでなく、暴風、高潮、波浪、暴風雪、大雪に対しても出されます)。

この特別警報が出される時というのは、すでに重大な災害が発生していてもおかしくない、極めて危険な状況であるということをきちんと理解しておいていただきたいと思います。ちなみに、雨に関する各市町村の50年に一度の値は、以下の気象庁のホームページに掲載されています(http://www.jma.go.jp/jma/kishou/know/tokubetsu-keiho/sanko/1-50ame.pdf)。

たとえば、茨城県つくば市のケースを見てみると、48時間降水量が286ミリ、3時間降水量が122ミリ、土壌雨量指数が207となっています。ここで留意しなければならないのは、ある市町村で50年に一度の値となったときに即特別警報が出されるというわけではなく、府県程度の広がりで50年に一度の値となった時を対象にしていること、そして3時間降水量については、150ミリを超えた格子数から判断するとのことです。

それでは、自分が住んでいる地域で警報や特別警報が出たときには、どう対処すればいいでしょうか。まずは、市町村の避難勧告や避難指示などが出されるかどうかを確認してください。そして速やかな避難が行えるように準備をしてください。

特別警報が出た場合には、気象庁は、「直ちに命を守る行動をとってください。身の危険がすぐそこにまで来ているかもしれないと考えてください」と呼びかけています。警報や特別警報は、過去のデータに基づく客観的な数値に基づいて出されているので信頼性の高い情報です。もちろん、特別警報が出ないからといって、災害が起きないということではありませんから、この点でも、早めの避難、身の安全を確保する行動が必要です。

⑤3つの危険度分布、メールやスマホで知らせるサービスも

大雨などが起きているときに、ぜひ利用していただきたいものに、「危険度分布」があります。これには3種類あって、それぞれ、大雨警報（土砂災害）の危険度分布、大雨警報（浸水害）の危険度分布、そして、洪水警報の危険度分布です。危険度が、面的分布で色表示されますので、自分の住んでいるところに土砂災害、浸水害、洪水の危険が迫っているかどうかを簡単に知ることができます。しかも10分ごとにデータは更新されますから、直近の状況を知ることが可能です。色表示が黄色、赤、うす紫、濃い紫の順に危険度が高くなりますから、容易に判断できます。気象庁は、2019年5月、「大雨・洪水警報の危険度分布」をより有効に活用してもらうことを目的に、プッシュ型の通知サービスを提供してもらう事業者を募集しました。その結果、Yahoo!Japanなど5つの事業者が名乗りを上げました（https://www.jma.go.jp/jma/kishou/know/bosai/ame_push.html）。このサービスを利用することで、利用者は、登録した地域の危険度が「非常に危険（うす紫）」となった時に、メールやスマホアプリで知らせてもらうことができます。また、高齢者のご家族などの住んでいる地域を登録しておくことで、離れた場所に暮らしている家族に避難を呼びかけることにも活用できます。

⑥警戒レベル

2019年5月から運用が始まったのが、5段階の警戒レベルと呼ばれるものです（http://www.bousai.go.jp/oukyu/hinankankoku/h30_hinankankoku_guideline/index.html）。図7・1をご覧ください。国や都道府県が出す警報や気象情報などの防災気象情報と、市町村が出す避難情報（避難準備・高齢者等避難開始や、避難勧告、避難指示（緊急）など）との関係をわかりやすく整理したものです。

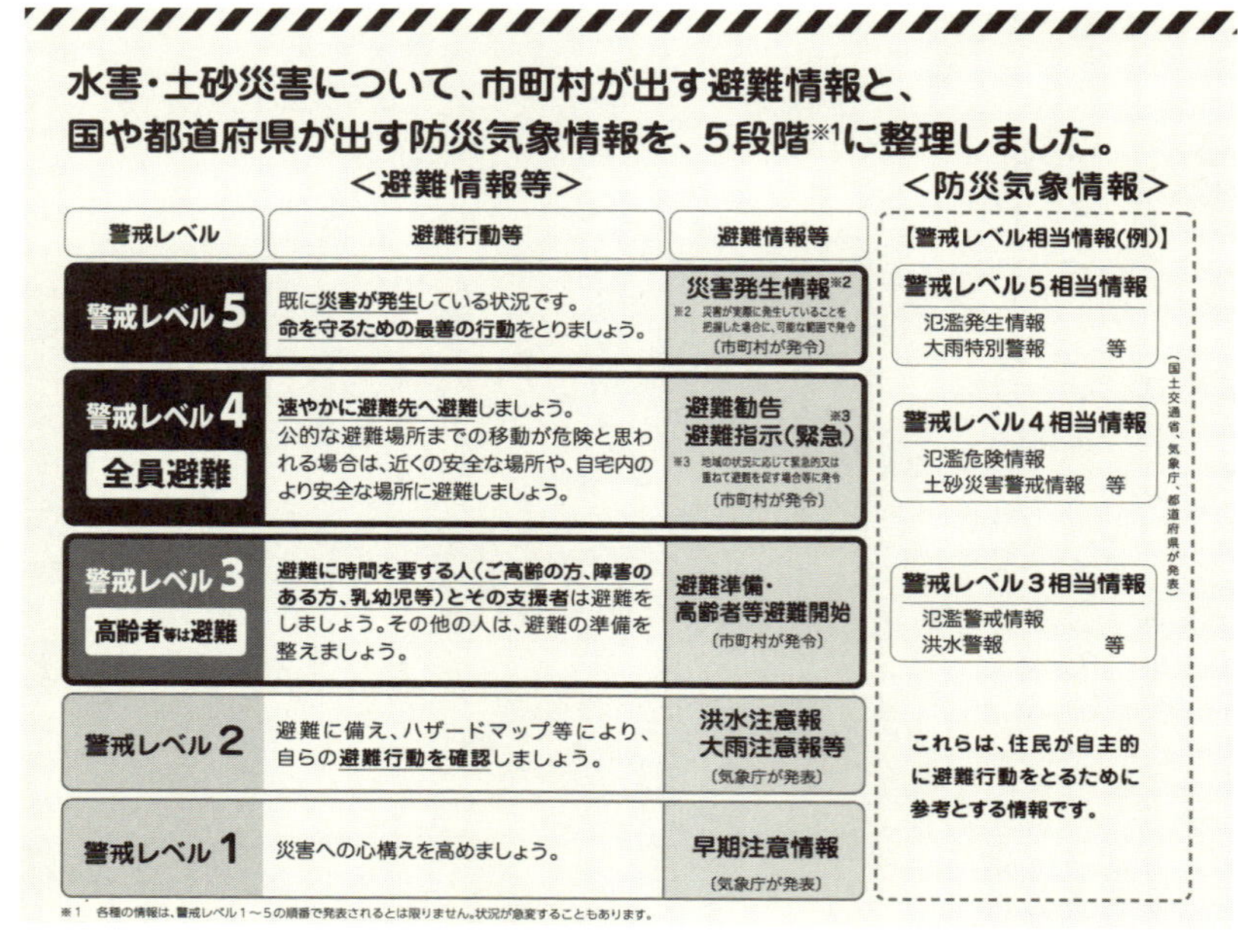

図7.1　警戒レベル

警戒レベル1と2に対応する避難情報は、気象庁が発表するもので、早期注意情報や注意報などです。警戒レベル3は、高齢者等が避難を開始するレベルで、防災気象情報としては、大雨警報、洪水警報、氾濫警戒情報、危険度分布（警戒、赤）などがあります。警戒レベル4は、避難勧告、避難指示が出された地域の住民への全員避難に対応し、土砂災害警戒情報、高潮特別警報、高潮警報、氾濫危険情報、危険度分布（非常に危険、うす紫）などが警戒レベル4相当情報です。警戒レベル5は、すでに災害が発生している状況です。防災気象情報としては、大雨特別警報、氾濫発生情報などがあります。

7.4 地方自治体の防災業務―限られたマンパワーの中でも気象庁の情報に最大限注意を！

（1）行政には防災業務を行う専門的な人材が決定的に不足

まず申し上げたいことは、地方自治体など、行政側がどう防災業務に関わっていくのか、という点についてです。現在の気象業務法では、避難勧告、避難指示は、市町村が行うことになっています。ですから、気象庁が注意報や警報を出したとしても、住民を避難させるかどうかは、市町村が気象庁から出される情報に基づいて、独自に判断することになります。そのために、市町村によって、判断に違いが出ることは十分にありうることです。事実、過去の集中豪雨の時に、近隣市町村の対応の違いによって、被害の状況が大きく異なってしまったことがありました。気象災害の専門家である牛山素行教授は、『豪雨の災害情報学』の中で「避難勧告・避難指示は判断するのも伝達するのも市町村の仕事になっている。ハザードマップの作成・普及も、市町村の行うこととされている。そして、警報についても、住民に伝える直接的な責任は市町村に負わされている。すなわち、豪雨災害情報を直接住民に伝える責務は、基本的に市町村に集中していることになり、市町村の作成する地域防災計画には情報伝達に関する記述が含まれている。しかし、現実には、市町村に、災害時の判断や情報伝達に対応するための専門的な人材が決定的に不足していると言わざるを得ない」と書いています。

（2）気象庁からのあらゆる情報に最大限注意を！

このような深刻な状況の中で、どうすれば住民の命を守ることができるでしょうか。まずは、限られたマンパワーの中でも、気象庁の警報、情報には最大限注意してほしいということです。前節でも述べたように、「警報が出る＝災害が起きてもおかしくない事態」「特別警報が出る＝すでに大変な災害が起きてしまっている可能性が極めて高い」と認識して、早め早めに、避難対策を講じることが重要です。

行政サイドからすると、「被害がなかった」「避難勧告ははずれた」など、住民から責任追及を受けることはありえますが、住民の方々の命を守るための情報として発表しているわけで、それが空振りであっても、「被害がなくてよかった」と前向きにとらえることが重要なのではないでしょうか。

それと同時に、大雨や河川の実況を把握することも極めて重要です。今日、インターネットの普及のおかげで、これらのデータを見ることは非常に容易になってきました。以下、表７・１に、いくつかのサイトのＵＲＬを載せますので、まずはそのサイトを見ていただき、台風や豪雨の際には、ぜひこれらを活用いただければと思います。

再度強調したいのは、地方自治体の防災担当者の方には、まず、これらのサイトの災害情報に習熟し、実況把握に努め、避難勧告、避難指示に役立ててほしいという点です。

表7.1　気象庁等からの防災情報

【全般】	
気象庁 台風や集中豪雨から身を守るために http://www.jma.go.jp/jma/kishou/know/ame_chuui/ame_chuui_p1.html	
【大雨・土砂災害】	
国土交通省 防災情報提供センター http://www.mlit.go.jp/saigai/bosaijoho/	
気象庁 高解像度降水ナウキャスト http://www.jma.go.jp/jp/highresorad/	
気象庁 レーダー・ナウキャスト（降水・雷・竜巻） http://www.jma.go.jp/jp/radnowc/	
気象庁 今後の雨（降水短時間予報） http://www.jma.go.jp/jp/kaikotan/	
気象庁 大雨警報（浸水害）の危険度分布 http://www.jma.go.jp/jp/suigaimesh/inund.html	
気象庁 土砂災害警戒情報 http://www.jma.go.jp/jp/dosha/	
気象庁 大雨警報（土砂災害）の危険度分布 http://www.jma.go.jp/jp/doshamesh/	

つづく

【河川水位・洪水予報】	
国土交通省 川の防災情報 http://www.river.go.jp/kawabou/ipTopGaikyo.do	
(こちらもご一緒にお読みください) http://www.river.go.jp/kawabou/hpguide/pc/index.html	
国土交通省 河川予警報発表状況 http://www.river.go.jp/kawabou/ipYokeihoJyokyo.do?gamenId=010301&fldCtlParty=n	
気象庁 指定河川洪水予報 http://www.jma.go.jp/jp/flood/	
気象庁 洪水警報の危険度分布 http://www.jma.go.jp/jp/suigaimesh/flood.html	
気象庁 洪水に関する防災気象情報の活用 http://www.jma.go.jp/jma/kishou/know/ame_chuui/ame_chuui_p8-2.html	

7.5 まずは自分の命は自分で守る「自助」 そして、「共助」「公助」へ

(1) まずは「自分の命は自分で守る」 一人当たり1日3リットルの飲料水を3日分備蓄

これまで、気象庁や地方自治体が災害による犠牲者ゼロをめざす取り組みについて書いてきましたが、もう一つ強調したい大事なことは、住民一人ひとりの対応や地域の取り組みに関わることです。「自分の命は自分で守る（自助）」ことが基本です。たとえば、水のケースで言えば、国は各家庭に1人当たり1日3リットルの飲料水を3日分、すなわち9リットルの水を最低限備蓄するよう推奨しています。災害が発生してから3日は、ご自身や家族で自分たちの命を守ることが想定されるからです。それ以降は、地域による助け合い（共助）が始まり、1週間後あたりから徐々に地方自治体の救助、援助（公助）が開始されると考えられています。

(2) 避難行動も自助、共助が大事

では、避難行動についてはどうでしょうか。地方自治体が「避難勧告」「避難指示」を出した場合には、住民はより安全な場所に避難することが求められます。「避難準備・高齢者等避難開始」が出た場合には、避難に時間を要する人（ご高齢の方、障害のある方、乳幼児等）とその支援者は避難を開始してください。迅速な避難行動を行えるようにするためには、常日頃から、地域のハザードマップなどを確認しておくこと、非常持ち出し袋を用意しておくこと、気象庁やＮＨＫなどの防災情報に注意すること、高齢者の避難方法を決めておくこと、そして地域での防災訓練、教育現場などでの避難訓練などに

参加し、いつ、どこに、どうやって避難するのかを体で覚えておき、家族で災害時の行動や連絡方法を確認・共有しておくことが極めて大切です。

(3) 自主防災組織の重要性

近年では、町会や自治会レベルで、自主防災組織が数多くできています。この自主防災組織は、地域における共助のかなめとして位置づけられており、平常時は防災訓練や啓発活動、防災計画の作成、一人暮らしの方などの避難支援希望者の把握、水などの備蓄、簡易トイレの購入などを行っています。また災害時には、住民の安否確認、救出・救援、避難所運営などを行い、地域ぐるみで共助することを目的に掲げています。

この自主防災組織は、大きな地震だけでなく、地域によっては台風や大雨なども対象としています。地方自治体（公助）が動き出すまでに、近隣の住民の協力（共助）で1人でも被害者を減らす活動を組織して助け合うことの重要性は、誰もが納得されるのではないでしょうか。もし、まだ自主防災組織が近所にできていない場合には、市町村の職員の方に相談してみてもいいかもしれません。「公助」に頼りすぎず、「公助」の限界も知り、自分と自分の周りの人たちとともに、命を守るためにできることに取り組むことは重要です。

いずれにしても、災害で犠牲者を出さないために何が必要なのか、家族、地域、自治体など、あらゆるレベルで認識を共有することが大事なのだと考えています。

7.6 「避難三原則」と人間の心理特性

(1)「避難三原則」とは？

防災士という資格が設けられ、自主防災組織の担い手として位置付けられてきています。日本防災士機構によれば、防災士とは、「〝自助〟〝共助〟〝協働〟を原則として、社会の様々な場で防災力を高める活動が期待され、そのための十分な意識と一定の知識・技能を修得したことを日本防災士機構が認証した人」とされています。たとえばわたしの住む茨城県では、毎年、いばらき防災大学が開かれ、受講後の試験に合格すれば、防災士の資格を得ることができるようになっています。

この防災大学で使う「防災士教本」は、とてもためになることや参考になることが多く書かれています。たとえば、東日本大震災の津波のときの釜石市の子供たちの経験に学んだ「避難三原則」というものが載っています。これは以下のとおりです。

（原則1）想定にとらわれるな
（原則2）その状況下で最善を尽くせ
（原則3）率先避難者たれ

（原則1）と（原則2）は、たとえば、ハザードマップを過信せずに、「ここまで来れば大丈夫」と考えるのではなく、自分で状況を判断し、より安全な場所へ移動するなど、最善を尽くして行動することが大切であることを教えています。

（原則3）について一言いうと、広島での土砂災害の時の話ですが、ある時に家の外を見ると、まだ雨足はそれほど速くなく、避難などは全く考えにも及ばなかったそうですが、ほんの少したって外をみると、もう濁流が流れていて、避難するどころか、外に出ることもできない状態となってしまっていたそうです。最初の時点で早めに避難しようと思い立っていたら、安全に避難できていたかもしれません。「避難しなかった」というより、「避難できなかった」という言い方のほうが正しいのかもしれませんが、やはり、一刻を争う早め早めの決断、避難が大事であることを教えています。

（2）注意すべき人間の心理　正常化の偏見、同調バイアス、愛他行動

この「避難三原則」は、人間の心理特性に注意しろと警告しているのかもしれません。それらは、以下の３つの点です。

（1）正常化の偏見
（2）同調バイアス
（3）愛他行動

２０１１年10月２日のＮＨＫスペシャル「巨大津波　その時ひとはどう動いたか」で取り上げられましたから、ご存知の方も多いかもしれませんが、やや詳しく述べてみます。

１番目の「正常化の偏見」ですが、これは「正常性バイアス」とも言われており、自分にとって都合の悪い情報は無視してしまう心理のことです。東日本大震災の時、津波がやってきているのに、「10ｍの津波なんて自分が受けるわけがない」「これまでそんな災害には遭ったことがないから、今回も安全だ」など、「これまで大丈夫だったから」と考えてしまうことが命取りとなってしまいます。

2番目の「同調バイアス」ですが、これは、大勢の人と一緒だと、「とりあえず周りと一緒の行動をしよう」と考えてしてしまう心理状態を言います。「10 m の津波が来るぞ」と大勢の人に言っても、誰も逃げようとしなかったのはこのためです。「みんなが逃げていないのだから、自分も大丈夫」と考えるのはたいへん危険です。

3番目の「愛他行動」は、危機的状況に直面すると、自分の命を差し置いてでも他人を助けようとする心理のことです。溺れそうになっている子供を助けようとして逆に親が溺れてしまうケースや、火事で人を助けようとして自分も巻き込まれてしまうケースなどがあげられます。

おわりに

本書では、とりわけ、台風がなぜ存在しているのかを、第2種条件付不安定（英語名、ＣＩＳＫ（シスク））と呼ばれるメカニズムを中心にお話ししました。このＣＩＳＫは、気象庁気象研究所の台風研究部にいらした山岬正紀博士が、ライフワークとして取り組まれたテーマでした。山岬博士は、ＣＩＳＫという考え方が正しく使われていないこと、すでに過去のものであるような扱いを受けていることを嘆かれていました。ＣＩＳＫの「復権」というか、今一度ＣＩＳＫとは何かを再認識することで、ＣＩＳＫが台風にとって、重要な役割を果たしていることを、読者の方にも理解していただきたいと思い、この本をまとめました。

いよいよ出版されるという段になった、２０１９年９月。台風第15号による被害が関東地方、とりわけ千葉県で起きました。観測史上最大の風を記録した地点も多く、電信柱の倒壊により大規模な停電が起き、ライフラインに大きな影響が出ました。「近年の雨の降り方は変わってきている」と言われています。第4章の「地球温暖化と台風」のところで、将来、台風の発生数は減るが、強い台風は増えると述べましたが、これと似たことが、大雨についても言えます。降ればどしゃ降り、というわけです。これまで経験したことのないような大雨が降るようになることも問題ですが、その逆に、雨がまったく降らなくなる、すなわち、水不足になることが増えるというのも社会的に大きな問題です。

毎年のように気象災害で犠牲になる方がいらっしゃることは大変残念なことです。気象予報が進歩しているにもかかわらず、亡くなられる方はゼロにはなっていません。ここ数年、気象庁から出される防災情報は、きめ細かく、高度化されてきています。スマホのアプリ進化もめざましく、時々刻々の気象情報が簡単に手に入る時代になりました。本書にも、有用なネット情報を掲載しました。「自分の命は自分で守る」というスローガンを肝にすえて、ぜひ早めに身を守る行動をとってほしいと思います。

さて、ここまで読んでいただいた方、おつきあいいただき、ありがとうございました。どんな感想をお持ちでしょうか？　ちょっと難しいところが多かったでしょうか？　それとも、少し物足りなかったという感想をお持ちでしょうか？　ぜひ著者までご感想をお寄せください。

最後になりましたが、出版の遅れにもかかわらず、根気強くお待ちいただいた気象ブックス編集委員の皆さま、そして成山堂書店の皆さまに深くお礼申し上げます。本書をまとめ上げることができたのは、中学の恩師である草柳英一先生、大学院時代の恩師である故岸保勘三郎先生、松野太郎先生、故新田勍先生、ハワイ大学留学時の恩師である故村上多喜雄先生や、多くの諸先輩のおかげです。この場を借りて、深く感謝します。ありがとうございました。また、私の両親と、40年間にわたり私の研究活動を支えてくれた妻に改めて感謝します。

中澤　哲夫

参考文献

本文脚注に示したほか、参考とした書籍・論文を掲げる。

1） Ooyama, K., 1982: Conceptual evolution of the theory and modeing of the tropical cyclone. *J. Meteor. Soc. Japan*, 60, 369-380.

2） Kidder S. Q., M. D. Goldberg, R. M. Zehr, M. Demaria, J. F. W. Purdom, C. S. Velden, N. C. Grody, and S. J. Kusselson, 2000: Satellite analysis of tropical cyclones using the Advanced Microwave Sounding Unit（AMSU）. *BAMS*, 81, 1241-1259.
（http://rammb.cira.colostate.edu/wmovl/VRL/PPtLectures/TROPICAL/Tropical_AMSU.pdf）

3） Gray, W. M., 1968: Global view of the origin of tropical disturbances and storms. *Mon. Wea. Rev.*, 96, 669-700.

4） Fudeyasu, H., Y. Wang, M. Satoh, T. Nasuno, H. Miura, and W. Yanase, 2008: The global cloud-system-resolving model NICAM successfully simulated the lifecycles of two real tropical cyclones. *Geophys. Res. Lett.*, 35, L22808, doi:10.1029/2008GL0360033.

5） Kasahara, A., 1961: A numerical experiment on the development of a tropical cyclone. *J. Meteor.*, 18, 259-282.

6） Lee, C.-Y., M. K. Tippett, A. H. Sobel, and S. J. Camargo, 2016: Rapid intensification and the bimodal distribution of tropical cyclone intensity. *Nature Commun.*, 7, doi: 10.1038/ncomms10625

7） Margules, M., 1903: On the energy of storms. In “The Mechanics of the Earth's Atmosphere: A Collection of Translation by Cleveland Abbe”, pp. 533-595. Smithonian Inst., Washington D. C.

8） Tsuboki, K., M. K. Yoshioka, T. Shinoda, M. Kato, S. Kanada, and A. Kitoh, 2015: Future increase of supertyphoon intensity associated with climate change. *Geophys. Res. Lett.*, 42, 646-652.
https://doi.org/10.1002/2014GL061793

9） 別所康太郎、中澤哲夫、CATT エアロゾンデ観測グループ、2002: 宮古島近海で台風を観測したラジコンヒコーキの話—運輸施設整備事業団（CATT）によるエアロゾンデ観測実験報告—
（http://www.metsoc.jp/tenki/pdf/2002/2002_03_0251.pdf）

10） 斎藤直輔、1982：天気図の歴史、東京堂出版、p. 215.

11） 牛山素行、2008: 豪雨の災害情報学、古今書院、p. 171.

12） 日本気象学会、1998: 気象科学事典、東京書籍、p. 637.

13） 筆保弘徳、伊藤耕介、山口宗彦、2014: 台風の正体、朝倉書店、p. 171.

14） 饒村曜、2002: 台風と闘った観測船、成山堂書店、p. 143.

15） 小倉義光、1978: 気象力学通論、東京大学出版会、p. 249.

16） 根本順吉、1985：渦・雲・人 -藤原咲平伝-、筑摩書房、p. 296.

略語一覧

AIRS（Atmospheric Infrared Sounder） 大気赤外探査計
AHI（Advanced Himawari Imager） 高性能ひまわり可視・赤外放射計
AMPR（Advanced Microwave Precipitation Radiometer） 高性能マイクロ波降水放射計
AMSR（Advanced Microwave Scanning Radiometer） 高性能マイクロ波放射計
AMSU（Advanced Microwave Sounding Unit） 高性能マイクロサウンダ A（気温プロファイル推定）と B（水蒸気プロファイル推定）のセンサーがある。
ASCAT（Advanced Scatterometer） 高性能散乱計
ATMS（Advanced Technology Microwave Sounder） 高性能マイクロ波探査計
CISK（Conditional Instability of Second Kind） 第2種条件付不安定
CYGNSS（Cyclone Global Navigation Satellite System） サイクロン全球測位衛星システム
DOTSTAR（Dropwindsonde Observations for Typhoon Surveillance near the TAiwan Region） 台湾域での台風周辺域でのドロップゾンデ観測
DPR（Dual-frequency Precipitation Radar） 二周波降水レーダー
ECMWF（European Centre for Medium-range Weather Forecasts） ヨーロッパ中期予報センター
ERA-20C（ECMWF Reanalysis of the 20th Century） ECMWF20世紀再解析データ
ESCAP（United Nations Economic and Social Commission for Asia and the Pacific） 国連アジア太平洋経済社会委員会
GMI（GPM Microwave Imager） GPM マイクロ波放射計
GPM（Global Precipitation Mission） 全球降水観測計画
GPS（Global Positioning System） 狭義には米国の測位システム。広義には、Global Navigation Satellite System（GNSS）のこと。全球測位衛星システム
GSMaP（Global Satellite Mapping of Precipitation） 衛星全球降水マップ
HIRAD（Hurricane Imaging Radiometer） ハリケーンイメージング放射計
HSB（Humidity Sounder for Brazil） ブラジル用湿度探査計
IBTrACS（International Best Track Archive for Climate Stewardship） 気候運用のための国際ベストトラックアーカイブ
IPCC（Intergovernmental Panel on Climate Change） 気候変動に関する政府間パネル
IRI（International Research Institute for Climate and Society） 国際気候予測研究所
JAXA（Japan Aerospace eXploration Agency） 国立研究開発法人宇宙航空研究開発機構
JTWC（Joint Typhoon Warning Center） 統合台風警報センター

LCL（Lifting Condensation Level） 持ち上げ凝結高度
LFC（Level of Free Convection） 自由対流高度
LZB（Level of Zero Buoyancy） 浮力ゼロ高度
MetOp（Meteorological Operational Satellite Program of Europe） ヨーロッパ宇宙機関の極軌道気象衛星
MJO（Madden-Julian Oscillation） マダン-ジュリアン振動
NICAM（Nonhydrostatic ICosahedral Atmospheric Model） 非静力学正20面体格子大気モデル
NICT（National Institute of Information and Communications Technology） 国立研究開発法人情報通信研究機構
PR（Precipitation Rader onboard TRMM） TRMM降雨レーダー
RSMC（Regional Specialized Meteorological Centre） WMO地区特別気象センター
S2S（Sub-seasonal to Seasonal Prediction Project） 季節内～季節予報プロジェクト
SCATSAT（Scatterometer Satellite） マイクロ波散乱計衛星
SFMR（Stepped Frequency Microwave Radiometer） ステップ周波数マイクロ波放射計
SLH（Spectral Latent Heating）スペクトル潜熱加熱アルゴリズム
T-PARC（THORPEX Pacific Asian Regional Campaign） THORPEX太平洋アジア地域観測計画
THORPEX（THe Observing-system Research and Predictability EXperiment） 観測システム研究・予測可能性実験計画
TIGGE（THORPEX Interactive Grand Global Ensemble） THORPEX双方向マルチセンター 全球アンサンブル
TIROS（Television Infrared Observation Satellite） タイロス衛星
TRMM（Tropical Rainfall Measurement Mission） 熱帯降雨観測衛星
VIIRS（Visible Infrared Imaging Radiometer Suite） マルチチャンネルイメージャー・放射計
WCRP（World Climate Research Programme） 世界気候研究計画
WINDSAT 偏光マイクロ波放射計
WMO（World Meteorological Organization） 世界気象機関
WWRP（World Weather Research Programme） 世界天気研究計画

お役立ちホームページ

インターネットにアクセスできる方であれば、以下のホームページで、台風に関する様々な情報を得ることができますので、アクセスして楽しんでいただければと思います。

気象庁台風ホームページ	
北西太平洋の台風情報 http://www.jma.go.jp/jp/typh/	
台風についてのさまざまな情報 http://www.jma.go.jp/jma/kishou/know/typhoon/index.html	
過去の台風資料（台風経路図、台風位置表、台風の統計資料） http://www.data.jma.go.jp/fcd/yoho/typhoon/index.html	
世界中の台風の JTWC による予報、台風の衛星画像 https://www.nrlmry.navy.mil/TC.html （National Research Laboratory、米国海軍研究所）	
デジタル台風（国立情報学研究所） http://agora.ex.nii.ac.jp/digital-typhoon/index.html.ja	
台風の衛星画像ホームページ（CIMSS、気象衛星研究共同研究所） http://tropic.ssec.wisc.edu/	
JAXA 台風データベース (GPM、TRMM、AMSR、AMSR2 などの台風画像) （1997 年～現在まで） http://sharaku.eorc.jaxa.jp/TYP_DB/index_j.shtml 速報（最近３か月のみ） http://sharaku.eorc.jaxa.jp/TYPHOON_RT/index_j.html	

つづく

世界中の低気圧位相空間図 http://moe.met.fsu.edu/cyclonephase/	
IBTrACs https://www.ncdc.noaa.gov/ibtracs/index.php	
ひまわり８号リアルタイム画像（NICT、情報通信研究機構） http://himawari8.nict.go.jp/ja/himawari8-image.htm	
高知大学ひまわり画像アーカイブ http://weather.is.kochi-u.ac.jp/wiki/archive	

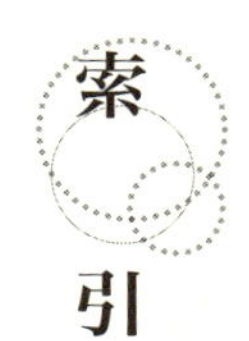

索引

欧文

あ行

か行

さ行

た行

気象ブックスの刊行について

気象ブックスは、私達が日常接している大気現象を科学的に、わかりやすく解説したシリーズです。昔から気象は人間を取り巻くいろいろな分野に関係していますが、人口が増え社会が複雑になるにつれ、一段と大きく人間社会に影響するようになりました。

たとえば、成層圏オゾン量の減少は老化を促進する紫外線を増やし、毎年のように襲来する台風や集中豪雨は、人命と財産を奪います。エルニーニョ現象も一因にあげられる世界的な異常気象は、農業生産や流通業に大きく影響しています。最近は、人間活動が原因とされる地球温暖化や海面上昇が二一世紀の社会にあたえるさまざまな問題点が提起されています。

本シリーズは、これら社会の関心の高い現象を地球環境、学問、社会、文化的側面に分けて、各分野の専門家に執筆して頂きました。子供から大人まで気象に親しみを持つ多くの人達の知的好奇心をみたし、日ごろ抱いている疑問にも答えています。

気象予報士の受験者数は予想された以上に増えていることなど、気象への関心は強まる一方です。本シリーズは社会の要望に耳をかたむけ、手軽に読めるが内容のこい科学書を目指し、企画しました。気象界では前例のない一〇〇冊を㈱成山堂書店から出版いたします。

本企画について、多くの方々から忌憚のないご意見をお寄せ下さるよう願っています。

気象ブックス出版企画編集委員会

著者略歴

中澤　哲夫（なかざわ　てつお）

1952年神奈川県山北町生まれ。

1980年東京大学理学系研究科博士課程単位取得。

1989年理学博士（論文博士）。気象庁気象研究所台風研究部で、熱帯気象学、モンスーン気象学、衛星データを用いた台風解析などの研究に従事。2010年にスイス・ジュネーブにある世界気象機関で世界天気研究課長を4年務める。

2015年から2年間、世界気象機関の季節内～季節予報プロジェクトの国際調整事務局（韓国国立気象科学院内）に勤務。

2017年から現在まで気象研究所客員研究員。

日本気象学会より、山本賞（1989年）、藤原賞（2016年）を受賞。

気象ブックス 045

台風予測の最前線（たいふうよそく　さいぜんせん）

定価はカバーに表示してあります。

2019年10月28日　初版発行

2019年11月28日　再版発行

著　者　中　澤　哲　夫

発行者　小　川　典　子

印　刷　倉敷印刷株式会社

製　本　東京美術紙工協業組合

発行所　株式会社 成山堂書店

〒160-0012　東京都新宿区南元町4番51　成山堂ビル

TEL：03（3357）5861　FAX：03（3357）5867

URL　http://www.seizando.co.jp

落丁・乱丁はお取り換えいたしますので、小社営業チーム宛にお送りください。

ISBN 978-4-425-55441-6